生态

文化百科

天然综合生态

张建成　编著　胡元斌　丛书主编

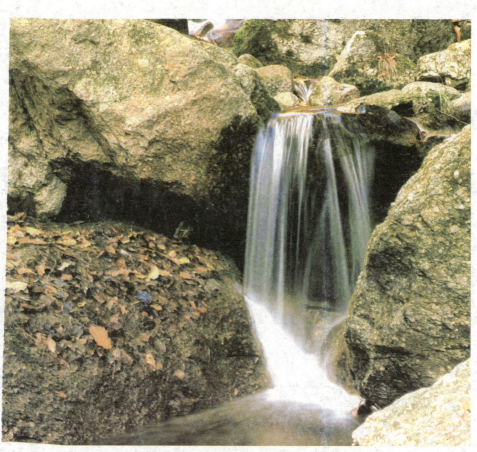

汕頭大學出版社

图书在版编目（CIP）数据

生态：天然综合生态 / 张建成编著. -- 汕头 ：汕
头大学出版社，2015.2（2020.1 重印）
　　（中国文化百科 / 胡元斌主编）
　　ISBN 978-7-5658-1602-4

　　Ⅰ.①生… Ⅱ.①张… Ⅲ.①自然保护区－介绍－中
国 Ⅳ.①S759.992

中国版本图书馆CIP数据核字（2015）第020929号

生态：天然综合生态　　SHENGTAI：TIANRAN ZONGHE SHENGTAI

编　　著：张建成
丛书主编：胡元斌
责任编辑：汪艳蕾
封面设计：大华文苑
责任技编：黄东生
出版发行：汕头大学出版社
　　　　　广东省汕头市大学路243号汕头大学校园内　邮政编码：515063
电　　话：0754-82904613
印　　刷：三河市燕春印务有限公司
开　　本：700mm×1000mm 1/16
印　　张：7
字　　数：50千字
版　　次：2015年2月第1版
印　　次：2020年1月第2次印刷
定　　价：29.80元
ISBN 978-7-5658-1602-4

前　言

　　中华文化也叫华夏文化、华夏文明，是中国各民族文化的总称，是中华文明在发展过程中汇集而成的一种反映民族特质和风貌的民族文化，是中华民族历史上各种物态文化、精神文化、行为文化等方面的总体表现。

　　中华文化是居住在中国地域内的中华民族及其祖先所创造的、为中华民族世世代代所继承发展的、具有鲜明民族特色而内涵博大精深的传统优良文化，历史十分悠久，流传非常广泛，在世界上拥有巨大的影响。

　　中华文化源远流长，最直接的源头是黄河文化与长江文化，这两大文化浪涛经过千百年冲刷洗礼和不断交流、融合以及沉淀，最终形成了求同存异、兼收并蓄的中华文化。千百年来，中华文化薪火相传，一脉相承，是世界上唯一五千年绵延不绝从没中断的古老文化，并始终充满了生机与活力，这充分展现了中华文化顽强的生命力。

　　中华文化的顽强生命力，已经深深熔铸到我们的创造力和凝聚力中，是我们民族的基因。中华民族的精神，也已深深植根于绵延数千年的优秀文化传统之中，是我们的精神家园。总之，中国文化博大精深，是中华各族人民五千年来创造、传承下来的物质文明和精神文明的总和，其内容包罗万象，浩若星汉，具有很强文化纵深，蕴含丰富宝藏。

　　中华文化主要包括文明悠久的历史形态、持续发展的古代经济、特色鲜明的书法绘画、美轮美奂的古典工艺、异彩纷呈的文学艺术、欢乐祥和的歌舞娱乐、独具特色的语言文字、匠心独运的国宝器物、辉煌灿烂的科技发明、得天独厚的壮丽河山，等等，充分显示了中华民族厚重的文化底蕴和强大的民族凝聚力，风华独具，自成一体，规模宏大，底蕴悠远，具有永恒的生命力和传世价值。

在新的世纪，我们要实现中华民族的复兴，首先就要继承和发展五千年来优秀的、光明的、先进的、科学的、文明的和令人自豪的文化遗产，融合古今中外一切文化精华，构建具有中国特色的现代民族文化，向世界和未来展示中华民族的文化力量、文化价值、文化形态与文化风采，实现我们伟大的"中国梦"。

习近平总书记说："中华文化源远流长，积淀着中华民族最深层的精神追求，代表着中华民族独特的精神标识，为中华民族生生不息、发展壮大提供了丰厚滋养。中华传统美德是中华文化精髓，蕴含着丰富的思想道德资源。不忘本来才能开辟未来，善于继承才能更好创新。对历史文化特别是先人传承下来的价值理念和道德规范，要坚持古为今用、推陈出新，有鉴别地加以对待，有扬弃地予以继承，努力用中华民族创造的一切精神财富来以文化人、以文育人。"

为此，在有关部门和专家指导下，我们收集整理了大量古今资料和最新研究成果，特别编撰了本套《中国文化百科》。本套书包括了中国文化的各个方面，充分显示了中华民族厚重文化底蕴和强大民族凝聚力，具有极强的系统性、广博性和规模性。

本套作品根据中华文化形态的结构模式，共分为10套，每套冠以具有丰富内涵的套书名。再以归类细分的形式或约定俗成的说法，每套分为10册，每册冠以别具深意的主标题书名和明确直观的副标题书名。每套自成体系，每册相互补充，横向开拓，纵向深入，全景式反映了整个中华文化的博大规模，凝聚性体现了整个中华文化的厚重精深，可以说是全面展现中华文化的大博览。因此，非常适合广大读者阅读和珍藏，也非常适合各级图书馆装备和陈列。

目 录

东南自然保护区

中部自然保护区

西部自然保护区

我国西部地域辽阔，地理条件复杂多样，地势从世界屋脊下落到低海拔平原，气候垂直分布明显，地貌包括几乎所有类型，动植物资源丰富，类型完整。保护西部自然生态，就是保护我们美丽山河。

我国西部自然生态保护区主要有三江源保护区、可可西里保护区、白水河保护区、沙坡头保护区等。

中华水塔——三江源

　　三江源自然保护区位于青藏高原腹地，青海省南部，西南与西藏自治区接壤，东部与四川省毗邻，北部与青海省格尔木市都兰县相接。

　　三江源自然保护区不仅是目前我国面积最大的自然保护区，也是世界高海拔地区生物多样性最集中的地区和生态最敏感的地区。

　　三江源区是青海南部的高原主体，昆仑山及其支脉可可西里山、巴颜喀拉山、阿尼玛卿山、唐古拉山等众多雪山的冰雪融化后，汇流成哺育中华民族的长江、黄河和澜沧江等大江大河，形成了我国最重要的水源地，因此，这里被称为"中华水塔"。

三江源地区主要包括青海省的玉树、果洛两个藏族自治州全境以及黄南、海南、海西三个藏族自治州所辖的泽库、河南、兴海、同德四县以及被称为"生命禁区"的唐古拉山。

三江源地区自然资源丰富，地形地貌复杂，自然环境类型多样，具有多种植被类型，为动植物资源的分布提供了极其独特的环境条件，使三江源地区成为世界海拔最高、生物多样性最丰富、最集中的地区。

一些耐寒喜凉的动物在与大自然的残酷斗争中，得到繁殖和发展，成了三江源地区的特有物种。该地区共有珍稀野生动物70余种，藏羚羊、藏野驴、野牦牛、藏原羚、喜马拉雅旱獭等青藏高原特有物种在这里繁衍生息。

其中国家一级重点保护有藏羚羊、野牦牛、雪豹等，国家二级重点保护动物有岩羊、藏原羚。

这一地区的野生植物资源种类繁多，数量丰富，用途广泛，经济价值较高。据初步调查，青海的药用植物约有370种，其中常用的中草药有259种。冬虫夏草驰名中外，药用价值极高。

三江源是世界高海拔地区生物多样性特点最显著的地区，被誉为高寒生物自然种质资源库。植被类型有针叶林、阔叶林、针阔混交林、灌丛、草甸、草原、沼泽及水生植被、垫状植被和稀疏植被等。区内国家二级保护植物有油麦吊云杉、红花绿绒蒿、冬虫夏草等，列入国际贸易公约的有兰科植物等。

三江源区是青藏高原的腹地和主体，以山地地貌为主，山脉绵延、地势高耸、地形复杂，最低海拔位于玉树藏族自治州东南部的金沙江江面，平均海拔4.4千米左右。

主要山脉为东昆仑山及其支脉阿尼玛卿山、巴颜喀拉山和唐古拉山山脉。因受第四纪冰期作用和现代冰川影响，海拔5千米以上的山峰可见古冰川地貌。

保护区中西部和北部呈山丘原状，起伏不大、切割不深、多宽阔而平坦的滩地，因地势平缓、冰期较长、排水不畅，形成了大面积沼泽。东南部高山峡谷地带，切割强烈，相对高差多在1千米以上，地形陡峭，坡度多在30度以上。

三江源区气候属青藏高原气候系统，为典型的高原大陆性气候，表现为冷热两季交替，干湿两季分明，年温差小，日温差大，日照时间长，辐射强烈，无四季区分的气候特征。

冷季为青藏高原冷高压控制，长达7个月，热量低，降水少，风沙大；暖季受西南季风影响产生热气压，水气丰富，降水量多。由于海拔高，绝大部分地区空气稀薄，植物生长期短。

三江源地区河流纵横，湖泊众多，水资源丰富，沼泽地分布较广。在玉树藏族自治州的西北部分布着大面积的现代冰川，形成了巨大的冰库，是各江河径流补给的主要源泉之一。

三江源地区是我国面积最大的江河源区和海拔最高的天然湿地，三江源自然保护区具有独特而典型的高寒生态系统，是中亚高原高寒环境和世界高寒草原的典型代表。

三江源区河流主要分为外流河和内流河两大类，外流河主要是通天河、黄河、澜沧江三大水系，支流有雅砻江、当曲、卡日曲、孜曲、结曲等大小河川并列组成。

长江发源于唐古拉山北麓格拉丹冬雪山，三江源区内长1200多千米。除正源沱沱河外，区内主要支流还有楚玛尔河、布曲、当曲、聂恰曲等。

黄河发源于巴颜喀拉山北麓各姿各雅雪山，省内全长1900多千米，主要支流有多曲、热曲等，占整个黄河流域水资源总量近一半。

澜沧江发源于果宗木查雪山，三江源区内长400多千米，占干流全长的十分之一。

三江源区是一个多湖泊地区，主要分布在内陆河流域和长江、黄河的源头段，大小湖泊近1800余个。列入我国重要湿地名录的有扎陵胡、鄂陵湖、玛多湖、黄河源区岗纳格玛错、依然错、多尔改错等。

三江源区环境严酷，自然沼泽类型独特，在黄河源、长江源的沱沱河、楚玛尔河、当曲河三源头、澜沧江河源都有大片沼泽发育，成为我国最大的天然沼泽分布区。沼泽基本类型为藏北嵩草沼泽，而且大多数为泥炭沼泽，仅有小部分属于无泥炭沼泽。

三江源内冰川资源蕴藏量巨大，现代冰川均属大陆性山地冰川。

长江流域主要分布在唐古拉山北坡和粗尔肯乌拉山西段，昆仑山也有现代冰川发育；黄河流域在巴颜喀拉山中段多曲支流托洛曲源头的托洛岗；澜沧江源头北部多雪峰，终年积雪，雪峰之间是第四纪山岳冰川。

三江源区不但水资源蕴藏量多、地表径流大，而且地下水资源也比较丰富，据估算，仅玉树的地下水贮量就约达115亿立方米。地下水属山丘区地下水，分布特征主要为基岩裂隙水和碎屑岩空隙水。地下水补给方式主要为降水的垂直补给和冰雪融水。

三江源区土壤属青南高原山土区系。由于青藏高原地质发育年代轻，脱离第四纪冰期冰川作用的时间不长，现代冰川还有较多分布，至今地壳仍在上升。

高寒生态条件不断强化，致使成土过程中的生物化学作用减弱，物理作用增强，土壤基质形成的胶膜比较原始，成土时间短，区内土壤大多厚度薄、质地粗、保水性能差、肥力较低，并且容易受侵蚀而造成水土流失。

三江源区地域辽阔，受地质运动的影响，海拔差异很大，并且高山山地多，相对海拔较高，形成了明显的土壤垂直地带性分布规律。

　　随着海拔由高到低，土壤类型依次为高山寒漠土、高山草甸土、高山草原土、山地草甸土、灰褐土、栗钙土和山地森林土。其中以高山草甸土为主，沼泽化草甸土也较普遍，冻土层极为发育。沼泽土、潮土、泥炭土和风沙土等为隐域性土壤。

　　三江源区植被类型有针叶林、阔叶林、针阔混交林、灌丛、草甸、草原、沼泽及水生植被、垫状植被和稀疏植被等9个植被型。

　　森林植被以寒温性的针叶林为主，主要分布在三江源区的东部、东南部，属于我国东南部亚热带和温带向青藏高原过渡的山峡区域。主要树种有川西云杉、紫果云杉、红杉、祁连圆柏、大果圆柏、塔枝圆柏、密枝圆柏、白桦、红桦、糙皮桦。

灌丛植被主要种类有杜鹃、山柳、沙棘、金露梅、锦鸡儿、锈线菊、水荀子等；草原、草甸等植被类型主要植物种类为蒿草、针茅草、苔草、凤毛菊、鹅观草、披碱草、芨芨草以及藻类、苔藓等。

植被类型的水平带谱和垂直带谱均十分明显。水平带谱自东向西依次为山地森林、高寒灌丛草甸、高寒草甸、高寒草原、高寒荒漠。

沼泽植被和垫状植被则主要镶嵌于高寒草甸和高寒荒漠之间。高山草甸和高寒草原是三江源地区主要植被类型，高山冰缘植被也有大面积分布。

三江源区的野生维管束植物约占全国植物种数的8%，其中种子植物种数占全国相应种数的8.5%。保护区内国家二级保护植物有油麦吊云杉、红花绿绒蒿、冬虫夏草三种。

三江源区野生动物区系属古北界青藏区"青海藏南亚区"，可分为寒温带动物区系和高原高寒动物区系。动物分布型属"高地型"，以青藏类为主，并有少量中亚型以及广布种分布。

拓展阅读

三江源自然保护区纪念碑是由花岗岩雕成，纪念碑碑体高6.621米，象征长江正源地格拉丹冬雪峰6.6千米的高度；纪念碑基座面积363平方米，象征三江源保护区36.3万平方千米的面积；基座高4.2米，象征三江源4.2千米的平均海拔；碑体由56块花岗岩堆砌而成，象征我国56个民族；碑体上方两只巨形手，象征人类保护"三江源"。

碑体正面有"三江源自然保护区"8个大字。整个纪念碑造型美观，寓意深远，气势宏伟。

动物乐园——可可西里

可可西里自然保护区位于青海西南部的玉树藏族自治州境内，面积45000平方千米。"可可西里"蒙语意为"美丽的少女"。藏语称该地区为"阿钦公加"。

可可西里是目前世界上原始生态环境保存最完美的地区之一，也是目前我国建成的面积最大、海拔最高、野生动物资源最为丰富的自然保护区之一。

可可西里，包括西藏北部被称为"羌塘草原"的部分、青海昆仑山以南地区和新疆的同西藏、青海毗邻的地区。

可可西里气候干燥寒冷，严重缺氧和缺淡水，环境险恶，令人望而生畏。人类无法在那里长期生存，只能依稀见到已适应了高寒气候的野生动植物。于是人们称这里为"人类的禁区"和"生命的禁区"等。然而正因为如此，这里成了"野生动物的乐园"。

可可西里地处青藏高原腹地，最高峰为北缘昆仑山布喀达坂峰，最低点在豹子峡，区内地势南北高，中部低，西部高而东部低。可可西里山和冬布勒山横贯本区中部，山地间有两个宽谷湖盆带，地势较平坦。

可可西里自然保护区是羌塘高原内流湖区和长江北源水系交汇地区。东部为楚玛河为主的长江北源水系，主要为雨水、地下水补给，水量较小，河流往往是季节性河流。西部和北部是以湖泊为中心的内流水系，处于羌塘高原内流湖区的东北部，湖泊众多。

可可西里自然保护区气候特点是温度低、降水少、大风多、区域差异较大。境内年平均气温由东南向西北逐渐降低，年平均降水量分布趋势是由东南向西北逐渐减少。

可可西里自然保护区气候地貌类型主要包括冰川作用地貌、冰缘作用地貌、流水作用地貌、湖泊作用地貌、风力作用地貌等。冰川作用的范围有一定的局限性。

现代冰川仅在少数高山、极高山上分布，以大陆性冰川为主。冻胀作用、冰融作用、寒冻风化作用等形成了多种多样的冰缘地貌。

可可西里自然保护区流水作用虽然普遍，但由于水量有限、季节变化大、流水侵蚀和搬运作用都较弱，在现代河床中砾石磨圆往往很差。湖滨沉积物亦以砂砾石为主。高原风力较大，风蚀作用使地表粗化十分普遍，显示了寒冷半干旱环境的气候地貌特征。

　　整个青藏高原自东向西北表现为湿润地区、半湿润地区、半干旱地区和干旱地区的更替与过渡。可可西里地区则居于半干旱地区内。随着海拔升高，温度降低，降水增加，高寒草甸或高寒草原逐渐被以稀疏状植被为主要特征的亚冰雪带所替代，在一些极高山区发育了多年积雪和冰川。

　　可可西里自然保护区的地表物质也是自然环境分异的重要因素。本区大部分地面都覆盖着一定厚度的沙层，它可以使天然降水或融水很快渗入下层，保存起来。

　　由于沙层阻隔，土壤下层水分蒸发微弱，对植被的发育有利。以青藏苔草为主的高寒草原广泛分布为主导地理景观，而针茅草原景观仅出现在局部地方。

　　可可西里地区河滩地面积比例较大，受到当地大气候条件的影响，形成隐域半隐域景观，这是区域性因素作用的结果，打乱和干扰了高原地带性景观的连续分布。在一些湖边盐分含量较高的地方，往往形成特别干燥的环境，发育了局部性的垫状驼绒藜高寒荒漠，这是地方性非地带性因素作用的结果。

可可西里自然保护区由于受到地理位置、地势高低、地形坡向及地表组成物质等各种水热条件分异因素的影响，自然景观自东南向西北呈现高寒草甸、高寒草原与高寒荒漠更替。其中高寒草原是主要类型，高寒冰缘植被也有较大面积的分布，高寒荒漠草原、高寒垫状植被和高寒荒漠有少量分布。

高寒草原是本区分布面积最大的植被类型，主要建群种有紫花针茅、扇穗茅、青藏苔草、豆科的几种棘豆、黄芪和曲枝早熟禾等；常见的伴生植物有垫状棱子芹等。紫花针茅草原主要分布于东部青藏公路沿线，在内部多分布零散或局限于个别地段或山地。

高寒草甸主要以高山蒿草和无味苔草为建群种。前者主要分布在风火山口和五道梁一带山坡；后者分布于中部和北部山地阳坡或冲积湖滨的冰冻洼地，与等草原群落复合分布。

其分布地域有较为丰富的降水量。这两类高寒草甸群落的种类组成和结构都比较简单，水平结构一般较均匀，在坡地处的则呈块状或条状分布。青藏苔草高寒草原，主要分布在北部和西部地区。群落的盖度随所处环境的水热状况有较大的变化，一般为20%左右。扇穗茅高寒草原，主要分布于沱沱河以北的东部地区，常与紫花针茅高寒草原和莫氏苔草高寒草原复合分布。

高山冰缘植被是青海可可西里地区分布面积仅次于高寒草原的类型，特别是在西北部地区分布广泛。

青海可可西里地区的高等植物以矮小的草本和垫状植物为主，木本植物极少，仅存在个别种类，如匍匐水柏枝、垫状山岭麻黄。

在多种植物中，青藏高原特有种和青藏高原至中亚高山、西喜马拉雅和东帕米尔分布的种在区系成分中占主导地位。

青藏高原特有种约占该区全部植物的40%，其中青海可可西里地区特有种和变种约有8个以上。青藏高原至中亚高山、西喜马拉雅、东帕米尔分布的种占该区植物的35%。

具有垫状生长型的植物种类多，分布广，这里的垫状植物占世界的三分之一。可可西里地区许多植物都以低矮、垫状的生长型出现，在广阔的宽谷、湖盆地区，5种垫状的点地梅，5种垫状的雪灵芝，数种垫状的风毛菊、黄芪、棘豆、红景天、水柏枝等在各地构成了世界上少有的大面积垫状植被景观。

由于本区地势高亢，气候干旱寒冷，植被类型简单，食物条件及隐蔽的条件较差，动物区系组成简单。但是，除猛兽猛禽多单独营生外，有蹄类动物具结群活动或群聚栖居的习性，因而种群密度较大，数量较多。

濒危珍稀动物中，兽类有13种，其中含国家一级保护动物5种，即藏羚羊、雪豹、藏野驴、野牦牛、白唇鹿；二级保护动物有8种，即棕熊、猞猁、兔狲、豺、石貂、岩羊、盘羊、藏原羚；珍稀鸟类有秃鹫、猎隼、大鵟、红隼、藏雪鸡、大天鹅等。

在可可西里保护区中，藏羚羊被称为"可可西里的骄傲"，我国特有物种，群居动物。

藏羚羊背部呈红褐色，腹部为浅褐色或灰白色。成年雄性藏羚羊脸部呈黑色，腿上有黑色标记，头上长有竖琴形状的角用于御敌。雌性藏羚羊没有角。

藏羚羊是国家一级保护动物，也是列入《濒危野生动植物种国际贸易公约》中严禁贸易的濒危动物。

藏羚羊不同于大熊猫。它是一种绝对的优势动物。只要你看到它们成群结队在雪后初霁的地平线上涌出，精灵一般的身材，优美得飞翔一样的跑姿，你就会相信，它能够在这片土地上生存数百万年，是因为它就是属于这里的。和大熊猫不一样，它绝不是一种自身濒临灭绝、适应能力差的动物，只要人类不去干扰它，不去用猎枪和子弹杀害它们，它们自己就能活得非常好。

它生活于青藏高原的广袤地域内，栖息在海拔4千米以上的高原荒漠、冰原冻土地带及湖泊沼泽周围，藏北羌塘、青海可可西里以及新疆阿尔金山一带令人类望而生畏的"生命禁区"。

藏羚羊不仅体形优美、性格刚强、动作敏捷，而且耐高寒、抗缺氧。在那些环境极其恶劣和人迹罕至的地方,藏羚羊却能够顽强地生存下来,这也是藏羚羊长期以来得以生存的主要原因。

在青藏高原独特恶劣的自然环境中,为寻觅足够的食物和抵御严寒,经过长期适应,藏羚羊形成了集群迁徙的习性,并且其身体上生长有一层保暖性极好的绒毛,这些都是藏羚羊上万年得以生存下来的主要原因。

藏羚羊作为青藏高原动物区系的典型代表,具有很高的科学价值。藏羚羊种群也是构成青藏高原自然生态的极为重要的组成部分。

我国政府十分重视藏羚羊保护,严格禁止了一切贸易性出口和买卖藏羚羊及其产品的活动,并将藏羚羊确定为国家一级保护野生动物,严禁非法猎捕。

此外,我国政府还在藏羚羊重要分布区先后划建了青海可可西里国家级自然保护区、新疆阿尔金山国家级自然保护区、西藏羌塘自然保护区等多处自然保护区,成立了专门保护管理机构和执法队伍,定期进行巡山和对藏羚羊种群活动实施监测。

近几年，由于自然保护联盟和全世界热爱动物的人士对它们的关注，藏羚羊的数量现已回升约22万只。

可可西里保护区内的土壤类型简单，多为高山草甸土、高山草原土和高山寒漠土壤，其次为沼泽土，零星分布的有沼泽土、龟裂土、盐土、碱土和风沙土。土壤发育年轻，受冻融作用影响深刻。

高山寒漠土主要分布在本区西南部，平均海拔5千米以上的高原面和冰川雪线以下的山地。植被以垫状的点地梅、棘豆、蚤缀、凤毛菊、驼绒藜等为主体，且分布广泛，为昆仑山区所罕见。

高山草甸土多见于本区东部山地，上接高山寒漠土，下连高山草原土，是在寒冷湿润气候和高寒草甸植被下发育而成，植物有高山蒿草、矮蒿草，它们组成建群种，地面融冻滑塌和草根层斑块状脱落明显。

高山草原土为东部高原面的基带土壤，低山和高山下部也有分布，是在高寒半干旱气候和高寒草原植被下发育而成，植物常由大紫花针茅、羽柱针茅为建群种，群落组成常受土壤基质制约，砂砾质或盐碱化土壤多由垫状驼绒藜和青藏苔草等荒漠化草原成分加入。

沼泽土广布于乌兰乌拉山山间洼地、平缓的分水岭脊等浅洼低地中，由于冻土层出现部位高，沼泽土可分布在坡度22度的山坡上。

龟裂土多见于海拔5千米以下高山草原土区的湖阶地，干涸小湖和低山缓丘间的浅碟形平地中，如涟湖、乌兰乌拉湖、西金乌兰湖周缘都有分布，但面积不大。

盐土主要分布在西金乌兰湖、勒斜武担措和明镜湖等新近出露的湖滨平原上，地面平坦，一片白色薄盐结皮，土体潮湿无结构。

碱土分布较广，多见于湖滨阶地和高河漫滩，其上或不长植物，地面平坦龟裂，或为荒漠化草原，生长有垫状驼绒藜，苔草和镰叶韭等。

拓展阅读

藏羚羊特别喜欢在有水源的草滩上活动，群居生活在高原荒漠、冰原冻土地带及湖泊沼泽周围。

那些尽是些"不毛之地"，植被稀疏，只能生长针茅草、苔藓和地衣之类的低等植物，而这些却是藏羚羊赖以生存的美味佳肴；那里湖泊虽多，绝大部分是咸水湖，藏羚羊成为偶蹄类动物中的佼佼者，不仅体形优美、性格刚强、动作敏捷，而且耐高寒、抗缺氧。

在那十分险恶的地方，时时闪现着藏羚羊鲜活的生命色彩、腾越的矫健身姿，它们真是生命力极其顽强的生灵！它性怯懦机警，听觉和视觉发达，常出没在人迹罕至的地方，极难接近。有长距离迁移现象。

牛奶之河——白水河

　　白水河国家级自然保护区，位于四川盆地西北边缘的彭州市境内，属森林及野生动物类型自然保护区。保护区东与德阳市九顶山自然保护区相连，北与汶川县交界，西与都江堰龙溪虹口自然保护区接壤。

　　白水河保护区按功能区划分为核心区、缓冲区、实验区。核心区位于保护区北部，主要包括保护区内的银厂沟、回龙沟上部、大坪上部等地。

白水河国家级自然保护区位于龙门山褶皱带的中南段，地质上属于横断山东部，是四川盆地向青藏高原过渡段的典型地貌地带，地势由东南向西北递增。由于地形剧烈切割，山谷成"V"型和"U"型发育，相对落差悬殊，形成山高坡陡谷窄的地貌特征。

区内水文属长江支流沱江发源地之一，水力资源极为丰富。本区河流主要有银厂沟、龙漕沟、牛圈沟汇集区内50余条岔沟之水注入湔江，湔江流经境内20余千米，水流湍急，河水终年不断，是成都平原重要的水源涵养地。

白水河保护区为亚热带湿润气候区，由于地形和海拔的影响，气候具有下列特点。气温垂直分异明显，形成山地垂直气候带，随海拔由低至高分别为：北亚热带、山地暖温带、山地中温带、山地寒温带、山地亚寒带。本区降水量多，降雨集中，多暴雨，冬季以固态降水为主，雨日多，日照少，湿度大。

白水河保护区自然资源异常丰富。保护区所在的我国西南山地被列为全球25个生物多样性热点区域之一，是全球生物多样性最为丰富的温带森林生态系统，拥有占全国约一半的鸟类和哺乳动物。

该区森林植被保存完整，生物多样性异常丰富。全区已知有维管束植物164科695属1770种，保护区内古老、特有的种数十分丰富，原始古老植物有蕨类植物、裸子植物、被子植物等多种植物。

保护区植物中属我国特有属约有22属，占全国特有属数的11%，这些特有的属大都为单种属和少种属，如珙桐、连香树、水青树、香果树、串果藤、大血藤等。

在保护区的动物中，其中金丝猴、金猫、云豹、水獭、大熊猫等为濒危物种。保护区内已知的四川珍稀和特有脊椎动物有100多种，占全省特有种类的36%左右，既有横断山地区特有种类，也有青藏高原特有物种，还有亚热带的种类，更有古北界的特有种类。

兽类中有纹背鼩鼱、蹼麝鼩、马麝、高山姬鼠，也有藏酋猴、毛冠鹿、岩羊和松田鼠等；鸟类中有绿尾虹雉、藏马鸡、橙翅噪鹛等；两栖爬行类有大鲵、四川龙蜥、玉锦蛇、紫灰锦蛇、洪佛树蛙等。

鱼类有成都躃、彭县似滑、齐口裂腹鱼、青石爬鱼兆和壮体鱼兆等，其中成都鱲和彭县似鱼骨只分布在彭县的湔江，为彭州的特有种，目前数量甚少，为濒危物种。

四川白水河国家级自然保护区具有丰富的生态资源，从成都平原突兀而起的险峻高山，雄壮的飞瀑，壮观的云海，绚丽的日出、晚霞，奇妙神异的彩虹幻影、佛光神灯，清幽的碧波深潭。

尤其是那丰富的动植物资源、保存完好的生态环境和悠久的人文历史，给人们勾绘出一个集山景、水景、生景、气景、文景、生物多样性和地质景观为一体的生态胜地。

白水河国家级自然保护区是长江重要支流沱江的发源地之一，在涵养水源、保持水土、保护生物多样性，维护生态平衡，促进成都平原及中、下游地区风调雨顺等方面具有极其重要战略意义。

拓展阅读

地处白水河国家自然保护区的银厂沟，因明朝崇祯皇帝天官刘宇亮在此开银矿而得名。相传，这里是3000多年前，蜀族先民由黄河流域的高原向南迁徙，进入四川盆地的必经之地。

至今，人们对附近的几个小山坪还有许多传说，连盖坪称銮架坪，为皇宫所在，帝王所居；国家坪称国舅坪，为国舅所居；三合坪称三辅坪，曾修过3个府宅，是上好的宝地。

银厂沟内奇峰叠嶂，云蒸霞蔚。峡谷低处，古木蔽天。湍急的河流，在密林山崖中忽隐忽现，为峡谷增添了一种莫名的神秘与肃穆。

景区四季景色各异，春日杜鹃似海，冬日素裹银装，盛夏金秋则林森葱郁，清流急湍，是蜀山蜀水的经典代表。

沙漠绿洲——沙坡头

　　沙坡头保护区位于宁夏回族自治区中卫市西部的腾格里沙漠东南缘。东起二道沙沟南护林房，西至头道墩，北接腾格里沙漠，沙坡头段向北延伸，沿"三北"防护林二期工程基线向东北延伸至定北墩外围，南临黄河。

沙坡头保护区自然形成的一条由西南至东北走向的狭长弧形沙丘地带，包兰铁路横贯其间，地势由西南部向东北倾斜，自然地理条件十分复杂，生态环境脆弱。

　　沙坡头保护区主要保护对象为沙漠自然生态系统及特有的沙地野生动植物及其生存繁衍的环境。本区是亚洲中部和华北黄土高原植物区系的交汇地带，为荒漠和草原间的过渡，生物种类及生态过程具有明显的过渡特点。

　　沙坡头保护区主要有裸子植物、被子植物和种子植物等，占宁夏回族自治区种子植物的四分之一。

　　沙坡头保护区被列入国家一二级保护的植物有裸果木、沙冬青和胡杨。阿拉善地区特有植物有阿拉善碱蓬、宽叶水柏枝和百花蒿。有经济价值的资源植物共计60多种。

　　沙坡头保护区的脊椎动物有鱼类、两栖类、爬行类、鸟类和兽类，列入国家重点保护野生动物名录的脊椎动物占保护区脊椎动物总数的12%。

其中一级保护动物有黑鹳、金雕、玉带海雕、白尾海雕和大鸨；二级保护动物有灰鹤、蓑羽鹤、白琵鹭、荒漠猫、猞猁、鹅喉羚、岩羊等；脊椎动物有贺兰山岩鹨、北朱雀、文须雀、长尾雀、短耳鸮等。

保护区的湿地可分为天然湿地和人工湿地两大类型。保护区的天然湿地由河流和沼泽湖泊组成。黄河从沙坡头流过，与生活在岸边和水中的生物共同构成河流湿地生态系统。

由于黄河流水大量渗入地下，储于沙砾层中，形成地下水丰富的含水层。在低地，地下水溢出，形成相当面积的沼泽，主要分布于马场湖、高墩湖、小湖和荒草湖等。

保护区人工湿地是人类活动形成的湿地，这类湿地主要是鱼塘。

保护区的湿地植物有水生和湿生两大类，占保护区植物种类的四分之一。保护区的水生植物分为沉水植物、浮水植物和挺水植物。

沉水植物：整株沉于水下，为典型的水生植物。他们的根退化或消失，表皮细胞可直接吸收水中气体、营养物质和水分；叶绿体大而多，适应水中的弱光环境；无性繁殖较有性繁殖发达。这类植物在保护区的代表种类有狸藻、茨藻等。

浮水植物：叶片漂浮水面，气孔分布于叶片上面，维管束和机械组织不发达，无性生殖速度快，生产力高。保护区代表种类有浮萍和眼子菜等。

挺水植物：植物体挺出水面，机体细胞大，通气通水性能好。保护区代表植物有香蒲等。

保护区的湿地植被可划分2个植被型组，3个植被型，6个植被亚型，11个群系。

湿地是多种脊椎动物类群的栖息地，保护区的湿地动物被列入国家保护动物的种类都是鸟类。其中一级有玉带海雕和白尾海雕；二级有鹗、大天鹅、灰鹤、蓑羽鹤和白琵鹭。保护区湿地具有向人类持续提供食物、原材料和水资源的潜力，并在蓄水抗旱、保持生物多样性等方面起重要作用。

湿地的实际价值主要体现在以下几个方面：

蓄水灌溉：沙坡头地处中亚内陆，为温带季风区大陆性气候，降水少，蒸发量大。黄河在沙坡头流过，为当地的粮食生产提供保障。

渔业：沙坡头的渔业是当地经济收入来源之一。鱼塘养的鱼类主要是草鱼、鲤鱼和鲢鱼，为当地经济带来一定的经济收入，也在补充当地群众动物性蛋白方面有重要作用。

维持生物多样性：湿地是多种动物种类栖息、生长、繁殖和发育的良好生境。尤其在荒漠地区，更是生物多样性最高的生态系统，在保持生物多样性方面意义重大。

保护区植物种类繁多，湿地的植物约占总数的四分之一。保护区有脊椎动物近200种，见于湿地环境的有100多种。沙坡头的湿地不仅是众多水禽的栖息繁殖地，而且是相当多鸟类迁徙中的停息地。

保护区的湿地生态系统是荒漠生态系统的子系统，是生物多样性最高的子系统，也是除农业生态系统外生物生产力最高的子系统。

荒漠生态系统的能量转换、物质循环与这个子系统有着千丝万缕的关系，随着全球气候变化和人类活动，尤其是变暖、变干，水、土地资源的过度开发利用，导致湖泊完全干枯，依赖于这些湿地的动植物就会消失。

拓展阅读

沙坡头保护区充分利用"地球日"、"爱鸟周"、"科技周"和"世界环境日"等环保纪念日，向社会各界宣传环境保护的重要意义，努力提高公众的环保意识。

在"爱鸟周"期间，沙坡头管处管理人员到保护区周边的中小学，向师生宣传鸟类基础知识和爱鸟、护鸟的重要意义。在"科技周"和"5·22国际生物多样性日"纪念活动中，大力宣传科学的发展观。

围绕"以人为本，关爱环境"这一主题，向广大干部群众尤其是中小学生宣传自然保护区基础知识、建立自然保护区的意义及保护生物多样性，维护生态平衡的重要性，唤起人们对环境的关注。

北方自然保护区

　　我国北方地区是指东部季风区的北部，主要是秦岭到淮河一线以北，大兴安岭、乌鞘岭以东的地区，东临渤海和黄海。我国北方属于山环水绕、平原辽阔的地形特征，自然生态多种多样。

　　我国北方天然生态保护区主要有红星湿地自然保护区、百花山保护区、查干湖保护区及龙湾保护区。其中红星湿地国家级自然保护区是北方森林湿地生态系统的典型代表，是我国森林湿地面积较大的一处自然保护区。

资源宝库——红星湿地

　　红星湿地国家级自然保护区位于黑龙江省伊春市境内，主要保护对象为森林湿地生态系统、珍稀野生动植物和湿地生物多样性。

　　红星湿地保护区是开发最晚、人为破坏污染最少、森林湿地生态系统保持最完整的地区。

红星湿地自然保护区内有7种湿地类型，主要有河流湿地、泛洪平原湿地、沼泽化草甸湿地、草本沼泽湿地、藓类沼泽湿地、灌丛沼泽湿地、森林沼泽湿地，占保护区总面积47%。

　　红星湿地国家级自然保护区是北方森林湿地生态系统的典型代表，是我国森林湿地面积较大的一处自然保护区。该自然保护区内有库斯特河、二皮河和库尔滨河及周边湿地，最后汇入黑龙江，是黑龙江流域的重要水源地之一。

　　由于该湿地地势平坦，湿地类型复杂，如此之大的湿地面积，在涵养水源，防止山洪暴发，补充地下水源和抗旱排涝等方面有不可代替的作用。直接影响小兴安岭林区、黑龙江水质和黑龙江流域的工农业生产及生态环境的改善，对黑龙江流域的城镇居民生活和社会经济发展有着重要的影响作用。

　　大平台湿地自然保护区是红星湿地国家级自然保护区的核心区

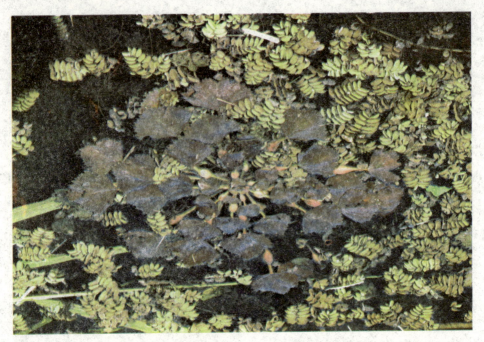

域，位于伊春市红星区库斯特林场。保护区内建有省级地质公园红星火山岩地质公园，大片的火山熔岩、石海以及周边多样生态类型，为动植物提供了良好的生存环境。

大平台湿地水域广阔、水草丰满，以天然植被繁茂而著称，可分为桃花岛、库尔滨水库两个大区。大平台桃花岛面积约60公顷，这里是兴安杜鹃的最佳观赏点。春季花期月余，春风过处，花海如潮，漫山红艳，称得上映山而红。

库尔滨水库总面积44平方千米，坝体雄伟壮观，库区内水产资源丰富，是重要的水力发电工程。库尔滨水库主要由库尔滨河、克林河、霍集河、龙湾河、乌鲁木河、嘟鲁河等河流汇集而成。库尔滨水库的水电站每天发电都要释放摄氏零度以上的水，河水常年不冻，形成了浓浓的雾气。

每年冬季，雾气和冷空气融合交锋，便形成了壮观的仿若童话世界的雾凇奇景，这时，整个风景区成了晶莹世界。

登高望去，棵棵树木变成了丛丛珊瑚，真是奇松佩玉，怪石披银，山峰闪光，花草晶莹。银装素裹的冰雪世界更显得神秘、隽妙、仪态万方。

红星湿地自然保护区内有较为丰富的动物资源、森林资源和水草资源。共有鱼类37种，两栖类有9种，爬行类有11种。鸟类有196种。兽类45种。国家二级保护动物30多种，主要有中华秋沙鸭、金雕、东方白鹳、丹顶鹤、白枕鹤、鸳鸯、花尾榛鸡、马鹿、黑熊和棕熊等。

保护区内的珍稀动物中华秋沙鸭，雄鸟体大，绿黑色及白色。长而窄近红色的嘴，其尖端具钩。黑色的头部具厚实的羽冠，两胁羽片白色而羽缘及羽轴黑色，形成特征性鳞状纹。脚红色，胸白而别于红胸秋沙鸭，体侧具鳞状纹，有异于普通秋沙鸭。

中华秋沙鸭雌鸟色暗而多灰色，与红胸秋沙鸭的区别在于体侧具同轴而灰色宽黑色窄的带状图案。虹膜褐色，嘴橘黄色，脚橘黄色。

中华秋沙鸭繁殖在西伯利亚、朝鲜北部和我国东北，越冬于我国的华南及华中，日本及朝鲜，偶见于东南亚；中华秋沙鸭迁徙经于东北的沿海，偶而在华中、西南、华东、华南和台湾越冬。

中华秋沙鸭出没于湍急河流，有时在开阔湖泊，成对或以家庭为群，潜水捕食鱼类。

中华秋沙鸭是我国特有鸟类，全球仅存不足1000只，属国家一级保护动物，比大熊猫还珍贵。

东方白鹳属于大型涉禽，是国家一级保护动物。常在沼泽、湿地、塘边涉水东方白鹳觅食，主要以小鱼、蛙、昆虫等为食。性宁静而机警，飞行或步行时举止缓慢，休息时常单足站立。

东方白鹳3月份开始繁殖，筑巢于高大乔木或建筑物上，每窝产卵3至5枚，白色，雌雄轮流孵卵，孵化期约30天。在东北中、北部繁殖；越冬于长江下游及以南地区。

东方白鹳体态优美，长而粗壮的嘴十分坚硬，呈黑色，仅基部缀有淡紫色或深红色。嘴的基部较厚，往尖端逐渐变细，并且略微向上翘。眼睛周围、眼先和喉部的裸露皮肤都是朱红色，眼睛内的虹膜为粉红色，外圈为黑色。

东方白鹳身体上的羽毛主要为纯白色，翅膀上面的大覆羽、初级覆羽、初级飞羽和次级飞羽均为黑色，并具有绿色或紫色的光泽。

初级飞羽的基部为白色，内侧初级飞羽和次级飞羽的除羽缘和羽尖外，均为银灰色，向内逐渐转为黑色。前颈的下部有呈披针形的长羽，在求偶炫耀的时候能竖直起来。

拓展阅读

红星湿地自然保护区是我国北方森林湿地生态系统的典型代表，具有极高的科学研究价值。红星湿地自然保护区面积较大，物种资源丰富，森林生态系统完整，具有"黑龙江动植物资源宝库"的美称。

是一个有着典型代表性的自然综合体，是一座天然的物种基因库，是森林湿地生态科研和教学的天然实验基地，是进行环境保护宣传教育的自然博物馆。

天然动植物园——百花山

　　百花山国家级自然保护区位于北京市门头沟区清水镇境内，属于森林生态系统类型自然保护区，是北京市目前面积最大的高等植物和珍稀野生动物自然保护区。

　　百花山主峰海拔1991米，最高峰百草畔海拔2千多米，为北京市第三高峰。百花山动植物资源丰富，有4个植被类型，10个森林群落。

百花山动物种类繁多，其中有国家一级保护动物金钱豹、褐马鸡、黑鹳、金雕，国家二级保护动物斑羚、勺鸡，市级保护动物50余种。

百花山的地文资源奇特，有在全新世早期寒冷气候条件下形成的古石海、冰缘城堡、冰劈岩柱等山石资源；有典型的地质结构，标准的地质剖面，火山熔岩景观，奇特的象形石和自然灾害遗迹。

主要代表形态有"天然长城"、"母子石"、"震山石-锦簇攒天"东梁的"驼峰"及"文殊像"等。

百花山山坡呈阶梯状，最高一级在百花山顶部三角塔台和百草畔，海拔1.8千至2千米，宽阔平坦，保留着晚更新世或全新世早期寒冷气候条件下形成的古"石海"、冰缘"城堡"和冰辟岩柱等。

第二级在中咀、大木场一带，海拔1.4千至1.6千米。第三级在海拔1.1千至1.2千米地带。每级台地上都覆盖着一层厚的黄土。

百花山山体主要由于火山喷发、剥蚀形成。山势高峻挺拔，地质环境独特，风景优美。这里群山环抱，气候宜人，奇峰连绵，溪水潺潺，云遮雾障，令人心旷神怡。

百花山水资源相当丰富，条条沟壑溪水长流，自海拔0.9千米至2千米处均有清泉分布，且水质极好，无污染。百花山风景独特，气候宜人，群山环抱，奇峰连绵，溪水潺潺，奇花异草，稀禽珍兽分布其中。

百花山地处暖温带半湿润大陆性季风气候区，四季特征明显，昼夜温差大。百花山环境独特，风景优美，气候凉爽，空气新鲜，无蚊虫叮咬，无噪音干扰，是避暑休闲胜地。

百花山保护区有高等植物多种，其中菊科、禾本科、蔷薇科、豆科、毛茛科、石竹科为大科，每科有30多种植物。植物类型为破坏后待恢复的山地混合森林生态系统，是北京山地森林中林相保持较好的次生林，对涵养水源，保持水土、维持生态平衡起到了很大的作用。

森林植被垂直分异明显，海拔1千至1.2千米之间以油松林、栎类林和油松栎类混交林为主；海拔1.2千至1.6千米之间以山杨林、桦树林为主；海拔1.6千至1.9千米之间以云杉、华北落叶松林和云杉桦树针阔叶混交林为主；海拔1.9千米以上的山脊、山顶则是亚高山草甸。

红桦是北京地区稀有树种，其干之皮色鲜红和紫红，呈薄层状剥落，生长在海拔1千米以上的山坡上，常与淡绿的山杨、黄花柳混生，是北京地区少有的森林景观。

辽东栎林多分布在海拔1.25千米至1.7千米的阳坡、半阳坡，但在海拔1.5千至1.6千米处生长最好，是百花山最稳定的一种森林类型。

百花山药用植物有200多种，如五味子、刺五加、沙参、党参、柴胡、桔梗、茜草等；野生花卉种类丰富，如太平花、八仙花、绣线菊、蓝荆子、铃兰和胭脂花等。

百花山保护区野生哺乳动物有20多种，主要有狍、青羊、狗獾、果子狸、黄鼬、狼等；爬行动物有蝮蛇、麻蜥等；鸟类种类较多，有环颈雉、石鸡、勺鸡、岩鸽、山斑鸠等；益鸟有红隼、杜鹃、夜鹰、戴胜、伯劳、啄木鸟等。国家级保护动物有豹、勺鸡、红隼等。

在百花山的落叶松林下，常有众多的蚁冢集中分布。每逢采食和繁殖季节，成千上万只黄蚁在蚁冢周围穿行忙碌，其场景甚是奇特，成为百花山的一个奇景。

百花山以花繁著称，众多的花卉植物成就了百花山的三季花香。位于顶峰附近的亚高山草甸，生长着40余种草甸植物，5月至8月花开季节山花烂漫、姹紫嫣红、蝶去蜂来，如同花的世界、花的海洋。

　　在山顶峰以下的天然次生林和灌草丛落里，也分布着许多花卉植物，山桃花、山杏花、暴马丁香、映红杜鹃、山荆子等，各色鲜花满山遍野、争奇斗妍，把整个百花山的春天装扮的花团锦簇、色彩斑斓。

拓展阅读

　　百花山，明称百花坨。据《百花山碑记》云：京城西柱百花山，乘北岳之势，延太行之脉，与大小五台，东西灵山接踵于晋冀，横跨于房宛。秀水奇峰揽育万物，奇花异草无以胜数，鸟兽云集四季不徒。崆峒之上环抱京城如箕，千山拱护雄关叠嶂。遥看日出东方如盖，浮云如海，偶有山顶烈日，云海风驰电掣，山下大雨如注之奇观。如此仙山胜迹之地，备受世人关注。

　　这是古人对百花山具有"秀逸、雄奇、幽深、瑰丽"的真实写照。

圣水之湖——查干湖

　　查干湖国家级自然保护区位于我国吉林省西北部，霍林河末端与嫩江的交汇处，主体在松原市前郭尔罗斯蒙古族自治县境内，部分位于白城的大安市和松原的乾安县。

　　保护区以半干旱地区湖泊水生生态系统、湿地生态系统和野生珍稀、濒危鸟类为主要保护对象。

　　保护区地貌主要特征是低平起伏，东南高，西南略高，中央及东北低。查干湖的东川头、西川头、青山头一带地势较高。

在查干湖附近地势低洼，湖旁残留有二级河流阶地，几个较大的湖泡水位有所差别，也有一些相对高度不大的沙丘。

根据成因和形态特征，该区域地貌可划分为冲积湖积平原与河谷冲积平原。冲积湖积平原分布于查干湖湖区低洼处，河谷冲积平原分布于霍林河河谷及嫩江古河道。

保护区大部分地段为冲积湖积平原，其中微波状岗地分布于南部和北部，分布面积较大，表层岩性为第四系上更新统顾乡屯组黄土状壤土，在查干湖周围多呈现为侵蚀岗地。

微倾斜平地分布于西部及南部，表层岩性为第四系上更新统顾乡屯组黄土状壤土。湖沼洼地分布于湖泡的周围，呈草原景观，表层岩性为全新统湖沼堆积壤土，盐渍化较发育。

河谷冲积平原分布于西部霍林河河谷和嫩江河谷，发育有一级阶地和河漫滩，查干湖区为湖沼洼地。表层岩性为全新统冲积壤土、黏土及湖沼堆积的淤泥质土类。

保护区的气候为中温带半湿润大陆性季风气候，四季分明。

保护区的河流主要有嫩江和霍林河。嫩江发源于黑龙江省大兴安岭山脉伊勒呼里山，流经黑龙江、内蒙古、吉林三省，嫩江右岸多支流，左岸支流较少，下游洮儿河、霍林河在吉林省境内汇入嫩江。

霍林河发源于内蒙古自治区扎鲁特旗后特勒罕山，由西南流向东北，流经霍林郭勒市折向正东，进入科右中旗吐列毛都处于南来的坤都冷河汇合再折向东南，流经白云胡硕、高丽板。

在吉林省通榆县后分为南北两股，分别穿过平齐铁路线桥涵进入大安后又合二为一，水流穿过通让铁路桥涵进入查干湖。当湖水面增大，水量增多时，溢出的水流穿过长白铁路桥涵进入嫩江。

霍林河两岸大部分为农牧区，居民点很少，在下游通榆县境内，两岸多波状沙丘，河流穿行于苇塘或沼泽之中，局部河段呈潜流、干涸状态。只有大水年份才能进入到查干湖，所以称霍林河为无尾河。

查干湖湿地位于吉林省西部半干旱地区，保护区主要水源为引松花江水、周边湖泡来水及区内的天然降水、前郭灌区排水、霍林河来水、深重涝区排水等。

保护区内动植物资源日益丰富，其中，国家一级保护的鸟类有东方白鹳、黑鹳、丹顶鹤、白头鹤、白鹤、金雕、白尾海雕、大鸨等。国家二级重点保护的鸟类有大天鹅、白枕鹤、灰鹤、白琵鹭、白额雁、鸳鸯等。查干湖除了盛产鲤鱼、鲢鱼、鳙鱼、鲫鱼等15科68种虾类、芦苇、珍珠水产资源外，这里还是野生动物的乐园。

查干湖胖头鱼，是吉林省前郭尔罗斯蒙古族自治县内的查干湖一带特产鱼类。由于特殊的气候条件和生长环境，其品质优异。查干湖胖头鱼味道鲜美纯正，肉质细嫩，个大体肥，肥而不腻。

查干湖的冬捕场面最为独特和壮观，数九寒天，上千人冰上作业，几十辆机动车昼夜运输，几十万斤鲜鱼破冰而出，其场面堪称全国之最。查干湖冬捕前要举行跳舞祭湖醒网等仪式，这一习俗从辽金延续到现在已有几百年的历史了。头鱼拍卖更是热闹，一条鱼能卖到上万元。

吃头鱼能带来好运，据说历来帝王就喜欢吃查干湖的头鱼，预示江山稳固风调雨顺。查干湖冬捕曾获单网捕鱼量最多的世界吉尼斯纪录，一网能捕10多万斤。

　　保护区内植物资源主要有水生植物群落、沼泽植物群落、杂类草群落及木本植物群落。

　　水生植物群落是指生长于湖泊、水库和池塘中的植物群落。吉林省西部的湖泊密集，查干湖是东北地区西部最大的天然湖泊。

　　浮水植物漂浮于水面，根系悬浮于水中或扎于湖底的泥土中，而叶片及花则漂浮于水面之上。最常见的植物有荇菜、浮萍、多根萍、槐叶萍及菱角等。

　　沉水植物全部沉于水中，根系固着于水底的泥土中。主要分布于湖泊或池塘的深水区域。最常见的有菹草、金鱼藻、狐尾藻、线叶眼子菜等植物。

　　沼泽植物群落又分为下列几种：

　　芦苇——苔草群落。形成初期以芦苇为主，后有苔草侵入，由于常年积水，植物种类相对较少，以种子植物为主，伴生有少量的苔藓及蕨类。代表植物有芦苇、小叶章、小白花地榆、苔草和箭叶蓼等。

香蒲——芦苇群落。主要分布于河滩地，常见的植物有香蒲属的各种植物，如宽叶香蒲、狭叶香蒲及普氏香蒲等。群落的外貌为绿色，夏秋季节，果穗为褐色，除了香蒲外，芦苇也不少，其他植物有戟叶蓼、箭叶蓼、节蓼及杉叶藻等。

塔头沼泽群落。形成以塔头苔草为优势种形成斑点状的草丘，盖度为90％以上。伴生植物有小叶章、水蓼、狐尾藻等。

菖蒲群落。分布于查干湖附近的河滩洼地和中小河流的旧河道中。群落的地表有薄层的积水，土壤以淤泥沼泽土为主。植物种类较为贫乏，菖蒲为建群种。伴生植物有苔草、泽芹、水蓼、地瓜儿苗及箭叶蓼等。

在查干湖附近地势较高处，季节性的洪水淹不到的地方，常有草原区典型植被的存在。主要代表植物为羊草，为根茎植物，喜生于中性或偏碱性的土壤中，它的适应性强，分布广。伴生植物有拂子茅、细叶地榆、五脉山黧豆、水蒿和黄花菜等。

杂类草群落。主要分布于低海拔的林间空地或谷地的边缘。在草原区形成斑块状的分布，没有明显的优势植物，其中多为双子叶植物，花大，色泽鲜艳，五彩缤纷。俗称为"五花草塘"或"狗肉地"。主要植物有地榆、蚊子草、风毛菊、野豌豆等。

在查干湖地区也生有少量的木本植物，其中一些杨树及柳树成块状分布，多为人工种植，另有一些树木或灌木为自然生长，如榆树、胡枝子及枸杞等。

拓展阅读

查干湖又名查干淖尔，蒙古语意为白色的湖，位于吉林省西部松花江畔的前郭尔罗斯大草原上，总面积420平方千米，是中国十大淡水湖之一，吉林省最大的内陆湖泊，也是吉林省著名的渔业生产基地，盛产胖头鱼、鲤鱼、鲢鱼等68种鱼类。

每年12月末至春节前的一段时间，是渔民进行大规模冬季捕鱼作业的黄金时间。

据了解，这种渔猎文化源于史前，盛于辽金。另外，也因冬季捕鱼易于保存运输，所以这一古老的冬捕方式一直延续至今，千年不变。

火山口湖群——龙湾湿地

　　龙湾国家级自然保护区位于吉林省长白山北麓龙岗山脉中段、通化市辉南县境内，其东部、南部以龙岗山山脊为界，与靖宇、柳河县相邻，西部和北部与辉南森林经营局接壤，东南端以鸡冠山为顶点，南北与东西走向的龙岗山脉为两腰。

　　龙湾保护区是自然生态系统类型的保护区，重点保护对象是以火山地貌为基础形成的湿地生态系统、多种多样的生物物种和生态环境。

龙湾保护区有着原始的火山地貌风光，有独特的火山喷发形成的湿地景观，包括由火山口湖向湿地演替的全过程，举世罕见，是我国最大的火山口湖群。

60万年前，这里频繁的火山运动，形成了众多火山口湖。由于火山喷发所形成的火山口湖群湿地，构筑了本区地貌的湿地景观。其独特的生态结构及生态系统，在生物多样性保护中具有典型的代表意义。

龙湾保护区内火山活动形成的多种火山口地貌，为沼泽湿地的形成和发育提供了优越自然条件。由于这些火山口湖、堰塞湖的大小不一，形状各异，湿地类型多样，水深不同，湿地发育情况也有差异，成为我国少有的特殊成因类型的湿地分布区。

保护区最东南端的鸡冠山为全区最高处，西北与西南两端海拔较低，最低处位于南端后河村。在大地构造上，该区位于中朝准地台的北部边缘，铁岭至靖宇隆起的中段，北部与样子哨至三源浦断陷接壤，南部毗邻浑江断陷，中部隆起部分为太古界鞍山岩群组成的龙岗古陆。

龙岗火山群总体沿东西向分布，火山地貌发育是本区的一大特点。本区自晚第三纪以来多处发生过多次火山喷发，形成火山锥、火山湖、熔岩谷地和台地。

正是这些多种多样的火山地貌形态为森林和湿地提供了发育的基底。森林原为地带性红松针阔叶混交林，这里，原始林已为数有限，多为次生林。

在海拔较高的鸡冠山和金龙顶子的山顶部，分布有针阔叶混交林，大部分山地的丘陵坡地分布夏绿杂木林和蒙古栎林。在沟谷分布有水湖林，局部阳坡分布有白桦林，阴坡有臭冷杉林。

沼泽湿地类型较多，既有现代火口湖湖泊湿地，也有火口湖经过漫长岁月的沼泽化过程，湖面消失，全部成为沼泽。

其中，有经过数千年甚至万年以上的地质年代形成的沼泽，还有的是玄武岩熔岩地、熔岩台地及其上的各种洼地，由于排水不畅形成的沼泽。另外，还有的是山间河滩地，地表常年过湿形成的沼泽；部分火山口积水成湖，形成"龙湾"，构成本区重要的生态景观要素。

有的火口湖经过长期的沼泽化演替过程，形成独具特色的沼泽，俗称"旱龙湾"。熔岩谷地和熔岩台地的低洼地带，由于排水不畅，造成土壤水分过饱和地表积水形成大面积的沼泽湿地。

火山——森林——湿地景观要素通过物质迁移的纽带有机地组合，构成独具特色的生态系列。

龙湾保护区森林覆盖率75%以上，本区植被类型属长白山植物区系，原始植被红松针阔混交林现已退化为次生阔叶林。据初步调查统计，本区野生植物主要包括地衣植物、苔藓植物、蕨类植物、裸子植物和被子植物等。国家一级重点保护野生植物有东北红豆杉和人参。

国家二级重点保护野生植物有红松、水曲柳、黄檗、钻天柳、紫椴、刺五加、核桃楸和东北茶藨蘸子。其中，红松、水曲柳、黄檗、核桃楸、桂皮紫萁、紫椴、人参和北五味子等是古老第三纪孑遗植物。

龙湾国家级自然保护区动物种类繁多，组成复杂，生物多样性十分丰富。本区内有野生动物200多种，国家一级重点保护野生动物有东方白鹳、金雕、紫貂。

国家二级重点保护野生动物中鸟类有黄嘴白鹭、鸳鸯、苍鹰、雀鹰、松雀鹰、普通鵟、大鵟、毛脚鵟、鹊鹞、白尾鹞、白腹鹞、燕隼、红隼等。兽类有棕熊、黑熊、猞猁、青鼬、水獭、原麝和马鹿等。

　　大龙湾景点位于金川镇金川屯南，是龙湾群国家森林公园7个龙湾中水域面积最大的一个龙湾，属低平火山口湖，即玛珥湖，水质清纯，群山环抱，生态优良，呈阔秀之美。

　　三角龙湾位于金川镇金川屯以东，是由两次以上火山喷发形成的连体火山口湖，亦属玛珥湖。三角龙湾沿岸曲折有致，壁险峰奇，水色碧绿深幽，神奇曼妙，具雄秀之美，因水面呈三角形而得名。湖心有一小岛如天外飞石孤立水中，白云碧水间，映霞壁、三剑峰、白龙泉等生态奇观将三角龙湾装点的如诗如画，景致居诸龙湾之首。

　　旱龙湾位于三角龙湾西南侧，是火山口湖演替为森林湿地的生态景观，初春时节，这里水鸟云集，生机盎然。夏季来临，紫色鸢尾花开似锦，清风徐来，蝶飞蜂舞，美艳之极。

　　东龙湾位于金川镇东龙湾屯南，是龙湾公园内7个龙湾中垣口最圆、深度最大、水质最清、保存最完整的火山口湖，也是最完美的玛珥湖。环湖崖壁相对高度在70米以上，树高林密，生态系统完整优良。

南龙湾位于金川镇南龙湾屯以东，是两次以上火山喷发所形成的连体火山口湖，因此湖面垣口呈"葫芦"状，水映蓝天，树影婆娑，景致典雅，风光旖旎，享锦绣之美誉，是盛夏时节避暑垂钓的乐园。

二龙湾位于金川镇吴家趟子屯西南，垣口与东龙湾相近，也为典型的玛珥湖，四周山势起伏有致，生态优良。

小龙湾位于大龙湾西南侧，岸边湖水较浅，密生芦苇，环境幽谧，是水鸟理想的栖息之地。

吊水壶瀑布位于大龙湾东南侧，原发于长白山系龙岗山脉的响水河，流经于此，因火山运动导致河床段跌，形成高约4米、宽约13米的瀑布。水泻如练，滚珠落玉，恰似一把硕大的水壶悬于林间，故当地人称其为"吊水壶"。

四方顶子山是龙湾景区内最高的玄武岩质火山锥，也是辉南县境内最高山峰，开阔平坦的峰顶在高山气候的作用下，形成了奇特的林相和植物群落，绿草如茵、野花似锦，古树虬枝，千姿百态，物竞天择，生生不息，昭示着大自然神奇的力量与风雨沧桑，呈现出一幅近乎远古时期的生态景观，有高山花苑之美誉。

金龙顶子山位于大龙湾与吊水壶景区之间，是火山渣与玄武质火山锥体。山势高耸巍峨，林深树密、生态完整。登上山顶，可远眺群山、云海、村落俯视大龙湾、三角龙湾等火山口湖。

拓展阅读

龙湾，是古地质年代由火山喷发而形成的高山湖泊，在我国古代的民间传说和故事里，是龙栖息生存的独特区域，给人们一种神秘而又美丽的想象空间。

极似七星北斗状排列的7个龙湾，平均水深 50 米左右，最深处达 126 米，湾水碧蓝如玉，形态景致各异，似颗颗明珠散落在崇山峻岭之中。其数量之多、分布之集中、形态之迥异、保存程度之完整居国内首位。

东南自然保护区

我国东南部地形以山地丘陵为主，总称东南丘陵，其中以南岭为界，以北是江南丘陵，以南是两广丘陵，东部以武夷山为界，是浙闽丘陵。东南临近东海，属亚热带海洋性气候，自然条件优越，生态多种多样。

我国东南部自然保护区主要有：洪泽湖自然保护区、鄱阳湖自然保护区、鹞落坪自然保护区、清凉峰自然保护区、滨州贝壳堤岛自然保护区、东寨港自然保护区和天目山自然保护区，它们是我国东南部生态自然保护区的代表。

水上长城——洪泽湖

　　洪泽湖自然保护区位于江苏省泗洪县东南部，是整个洪泽湖地区中湿地生态系统保存最为完整的区域。

　　由原杨毛嘴湿地为中心的天然湿地生态系统、湖滨珍禽鸟类保护区、生态森林公园、生物多样化科普区、万亩水产养殖生态示范区和万亩无公害稻蟹立体养殖示范区6大功能区组成。

洪泽湖湿地自然保护区内水域、滩涂广阔、湿地生态系统保存完好，是江苏省面积最大的淡水湿地自然保护区。

洪泽湖湿地自然保护区及周边地区地形复杂多样，湿地和平原镶嵌分布，水路交错，湖岸曲折。地貌大体可分为湖区和湖滨平原两种类型，植被以水杉、池杉、速生杨等无性系为主。

洪泽湖的水杉属杉科，形似杉而落叶。树高可达35米，树皮剥落成薄片，侧生小树对生，叶线形扁平，相互成对，冬季与小侧枝同时脱落。

球花单性，雌雄同株。雄球花对生于分枝的节上，集生于枝端，此对枝上无叶，故全形量总状花序状。雌球花单生于小树顶上，此时小枝有叶，球果不垂。

水杉多生于山谷或山麓附近地势平缓、土层深厚、湿润或稍有积水的地方，耐寒性强，耐水湿能力强，在轻盐碱地可以生长为喜光性树种，根系发达，生长的快慢常受土壤水分的支配，在长期积水排水不良的地方生长缓慢，树干基部通常膨大和有纵棱。

水杉是一种落叶大乔木，其树干通直挺拔，枝子向侧面斜伸出去，全树犹如一座宝塔。它的枝叶扶疏，树形秀丽，既古朴典雅，又肃穆端庄。树皮呈赤褐色，叶子形状细长，很扁，向下垂着，入秋以后便脱落。

水杉树干通直挺拔，高大秀颀，树冠呈圆锥形，姿态优美，叶色翠绿秀丽，枝叶繁茂，入秋后叶色金黄，是著名的庭院观赏树。它喜光，喜湿润，生长快，播种插条均能繁殖，是园林绿化的理想树种。

水杉可于公园、庭院、草坪、绿地中孤植，列植或群植；也可成片栽植营造风景林，并适配常绿地被植物；还可栽于建筑物前或用作行道树，效果均佳。

水杉不仅是著名的观赏树木，同时也是荒山造林的良好树种，它的适应力很强，生长极为迅速，在幼龄阶段，每年可长高一米以上。

水杉的经济价值很高，其心材紫红，材质细密轻软，是造船、建筑、桥梁、农具和家具的良材，同时还是质地优良的造纸原料。

水杉属唯一现存种，是我国特产的孑遗珍贵树种，第一批列为国家一级保护植物的稀有种类，有植物王国"活化石"之称。

洪泽湖湿地自然保护区生物种类丰富，其中属国家一级重点保护的动物有大鸨、白鹳、黑鹳和丹顶鹤等；国家二级重点保护的有白额雁、大天鹅、小天鹅、鸳鸯、灰鹤、猛禽类等。最近还发现了世界濒危鸟类震旦雅雀。

泗洪洪泽湖湿地是难得的"地球之肾"，具有很高的科学价值、生态价值、社会价值和经济价值。保护区的鸟类，不仅在国内具有重要地位，而且在国际上享有一定声誉。

保护区内植物类、鱼类、鸟类等不仅品种多、数量大，而且形成了一个独立而完整的自我供给和自我循环的立体生态链系统，是环洪泽湖地区最具保护价值的"天然物种基因库"。

洪泽湖水生动植物种类型众多，保护区内绵延数十里的挺水植物群落，构成浩瀚无边的"芦苇荡"，有浮游植物165种、浮游动物91种、高等植物81种、底栖动物76种；拥有国家二级重点保护植物野大豆、莲和野菱；珍禽品种多、数量大。

在保护区内共记录鸟类194种，其中国家一级保护鸟类4种；国家二级保护鸟类有26种；保护区内有中日候鸟保护协定65种；中澳候鸟保护协定18种。保护区地处不同鸟类迁徙线交汇区，每年9月下旬至翌年4月上旬，每隔5至10天就要更替一批不同的迁徙路过的候鸟群体。

洪泽农场白鹭自然保护区位于洪泽农场东北岸的徐洪河和濉河交汇处，东临徐洪河与龙集、太平两镇相邻，南濒洪泽湖与半城镇接壤，西与孙元镇毗连，北连朱湖镇，隔河与界集镇相望。

经过几年精心保护，严格管理，保护区的鸟类种群数量剧增，大大提高了保护区的知名度。洪泽湖湿地保护区的鸟类保护，不仅在国内具有重要地位，而且在国际上享有一定声誉。

保护区是洪泽湖鱼类天然产卵场，有鱼类67种，水产资源丰富。洪泽湖内的鱼类种类组成以鲤科为主，约占全湖种类的一半以上。湖泊定居型鱼类如鲤、鲫、鳊、鲂、鲌、刀鲚、银鱼、乌鳢、鳜、黄颡鱼等，它们终生定居于洪泽湖，其种群多、数量大，成为渔业产量中的主要鱼类。索饵洄游型鱼类，有草鱼、青鱼、鲢、鳙、鳡鱼等。

保护区目前的主要景点有荷花物种科技示范园、睡莲池、鸟与荷花共生区和十里荷花观光带。

洪泽湖发育在淮河中游的冲积平原上，原是泄水不畅的洼地，后潴水成许多小湖。在我国秦汉时代，它们被称为"富陵"诸湖，其中以洪泽湖最大，为我国五大淡水湖中的第四大淡水湖。

洪泽湖古称破釜塘，唐代开始名洪泽湖。由于洪泽湖发育在冲积平原的洼地上，故湖底浅平，岸坡低缓，湖底高出东部苏北平原，成为一个"悬湖"。

洪泽湖是淮河流域最大的湖泊型水库，其水域宛若一只振翅翱翔的天鹅，镶嵌于江淮大地，故又被人们称为"天鹅湖"。

在洪泽湖腹心略偏西的地方有一座小岛，名为"穆墩岛"，这是洪泽湖上唯一的岛屿。其以传奇的人文景观，美丽的民间传说，丰富的水产资源，旖旎的洪泽湖风光，被人们称之为"湖上明珠"、洪泽湖"宝岛"。

穆墩岛是一座小岛，面积仅1000多平方千米，但她却像一颗翡翠镶嵌在白玉盘中，像一只水鸟安卧在碧波之间。登岛四眺，你可以真正领略洪泽湖的浩瀚、粗犷和水天一色的壮丽景观。

洪泽湖湿地自然保护区湿地生态系统有沼泽湿地、河流草丛湿地和湖边水生植物湿地。保护区内淡水湿地生态系统类型如此丰富集中，不仅在我国东部地区少有，而且在全国也不多见。

拓展阅读

穆墩岛又称"荷花仙子岛"。相传在清康熙年间，穆家后代穆文学来这里攻读，与湖中的荷花仙子相爱。

有一天，洪水泛滥，狂风大作，恍惚间穆公子来到一个仙境，身体四周簇拥着一朵朵美丽的莲花，四面是一片片蓝色纯净的湖水，穆公子被眼前的景象陶醉了。又不知过了多长时间，他醒来时发现自己躺在一张荷叶上，身体四周有众多荷花相托。

尽管湖水不停地上涨，但穆家的这块高墩在荷花的托抚下，随水上长，成为永不沉没的荷花岛。

天鹅故乡——鄱阳湖

　　鄱阳湖位于江西省境内，古称彭蠡。鄱阳湖是我国最大的淡水湖泊。它承纳赣江、抚河、信江、饶河、修河五大河。经调蓄后，由湖口注入我国长江，每年流入长江的水量超过黄河、淮河、海河三河水量的总和，是一个季节性、吞吐型的湖泊。

鄱阳湖是世界自然基金会划定的全球重要生态区，是生物多样性非常丰富的世界六大湿地之一，也是我国唯一的世界生命湖泊网成员，集名山、名水、名湖于一体，其生态环境之美，为世界所罕见。

鄱阳湖生态经济区是我国南方经济最活跃的地区，位于江西省北部，包括南昌、景德镇、鹰潭三市，以及九江、新余、抚州、宜春、上饶、吉安市的部分县和鄱阳湖全部湖体在内。

鄱阳湖是我国重要的生态功能保护区，承担着调洪蓄水、调节气候、降解污染等多种生态功能。鄱阳湖又是长江的重要调蓄湖泊，年均入江水量约占长江径流量的15%。

鄱阳湖西接庐山、北望黄山、东依三清山、南靠龙虎山，是亚洲湿地面积最大、湿地物种最丰富、湿地景观最美丽、湿地文化最厚重的国家湿地公园。

鄱阳拥有湖泊1000多个，各种独具风格的湖遍布全县，到处湖光潋滟，有"我国湖城"、"东方威尼斯"之美誉。

　　鄱阳湖国家湿地公园内拥有江南最密集的"湖"、最高贵的"鸟"、最多姿的"水"、最温柔的"荻"、最诗意的"草。"

　　鄱阳湖国家湿地公园内分布的野生动物种类繁多，聚集了许多世界珍稀濒危物种，并保存了一定数目，是保存生物多样性的重要地方，鸟类是人们最熟悉也是最重要的组成部分。世界上98%的湿地候鸟种群皆汇于此，飞时不见云和日，落时不见湖边草。

　　鄱阳湖是白鹤等珍稀水禽及森林鸟类的重要栖息地和越冬地。白鹤是我国一级保护动物，野外总数大约为3000只。其中90%在鄱阳湖越冬。白枕鹤为我国二级保护动物，野外大约有5000只，其中60%在鄱阳湖越冬。是举世瞩目的白鹤王国，场面非常壮观。

　　一到冬天白鹤与天鹅会选择到鄱阳湖越冬。天鹅喜欢群栖在湖泊和沼泽地带，主要以水生植物为食。每年三四月间，它们大群地从南方飞向北方，在我国北部边疆省份产卵繁殖。

　　雌天鹅都是在每年的五月间产下二三枚卵，然后雌鹅孵卵，雄鹅守卫在身旁，一刻也不离开。一过十月份，它们就会结队南迁。在南方气候较温暖的地方越冬。

鄱阳湖是中国最大的淡水湖，每天有数以百万计的候鸟从遥远的西伯利亚来到这里过冬，其中光天鹅就有80000多只，可以说鄱阳湖就是中国的天鹅湖。

鄱阳湖由于受暖湿东南季风的影响，鄱阳湖年降雨量平均1600多毫米，从而形成"泽国芳草碧，梅黄烟雨中"的湿润季风型气候，并成为著名的鱼米之乡。

这里的环境和气候条件均适合候鸟越冬，因此，在每年秋末冬初，从俄罗斯西伯利亚、蒙古、日本、朝鲜以及中国东北、西北等地，飞来成千上万只候鸟，直到翌年春逐渐离去。

如今，保护区内鸟类已达300多种，近百万只，其中珍禽50多种，已是世界上最大的鸟类保护区。

珍贵、濒危鸟类还有白鹳、黑鹳、大鸨等国家一级保护动物；斑嘴鹈鹕、白琵鹭、小天鹅、白额雁、黑冠鹃隼、鸢、黑翅鸢、乌雕、凤头鹰、苍鹰、雀鹰、白尾鹞、草原鹞、白头鹞、游隼、红脚隼、燕隼、灰背隼、灰鹤、白枕鹤、花田鸡、小杓鹬、小鸦鹃、蓝翅八色鸫等国家二级保护动物。

丰水季节，水天一色，浩浩荡荡，横无际涯，烟波浩渺，山苍苍、水茫茫、大姑小姑江中央；枯水季，小河森森，在宽阔的草洲上蜿蜒，夜来徐汉伴鸥眠，西径晨炊小泊船。秋荻片片，飞雪连天，候鸟出没其间，是实实在在的人间仙境。

到了春夏之交，则又是芦海汪洋，气势如虹，芦荻渐多人渐少，鄱阳湖尾水如天。还有"蓝蓝的天空"，"甜甜的空气"，"散漫的牛儿"，"悠闲的牧童"。

每年春、秋、冬三季，芳草萋萋，草深过膝。一到冬季，则芦苇丛丛、芦花飞舞、候鸟翩飞、牛羊徜徉，让人流连忘返，被誉为"我国最美的草原"

鄱阳湖烟波浩渺，气势磅礴，湿地公园内河流众多，溪水蜿蜒，农田蔓延，芦苇片片。湖光山色，景色幽静，环境优雅，空气清新，溶山水之灵气于一方，汇自然与人文为一体。

鄱阳自古"稻饭鱼羹"，是江南有名的"鱼米之乡"。地处鄱阳湖滨，鱼是除稻之外的主食之一，长此以往，食有所择，烩有所究，于是有"春鲇、夏鲤、秋鳜、冬鳊"四季时鱼之分。

春鲇：鲇者，粘也。鲇鱼有涎遍布全身，腥滑粘腻，所以有此雅名。作为底层鱼类，喜性荤食，常栖深水污泥之中。入秋则蛰伏泥淖，春时非常活跃，进食日增，体膘时长。

夏鲤：鲤为广食性鱼类。长期以来，鲤为吉祥的象征，"鲤鱼跳龙门"，使鲤在人们眼中有着升腾的隐喻，年节婚庆，红白喜事，都喜欢以鲤鱼入席。然而，鲤鱼味道真正鲜美，唯有夏季。这种鱼仲春产卵，消耗较大。只有随着水温上升，食物增多，因为产卵而消瘦的鲤鱼，才会渐渐变得背圆体丰，肉脂明显增多，味道愈显鲜美。

秋鳜：鳜在农历三四月产卵，是嗜荤鱼类，随着它的长大，食欲也逐日增大，凭着它的阔嘴坚腭和一个特殊的胃囊，饕餮不息，吞食不已，鱼膘也逐日增厚，肉质鲜嫩，皮紧若面筋，味美如子鸡。当然，鳜鱼是四时佳鱼，而秋季食用尤为上乘。

冬鳊：鳊鱼的正名叫鲂。"鲂者，腹内有防也。"此鱼为中水鱼群，农历四、五月产卵，入秋后喜在河港深潭集群越冬，因而并没有进入冬休状态。所以有渔俚说："入冬之鲂，美如牛羊"。冬鳊，依然是其肪如凝，肉嫩味美。

鄱阳湖大孤山一头高一头低，远望似一只巨鞋浮于碧波之中，故又称"鞋山"，位于九江市湖口县以南的美丽浩瀚的鄱阳湖中。

大孤山是第四纪冰川时期形成的小岛，它高出水面约90米，周长千余米。大孤山三面绝壁，耸立湖中，仅西北角一石穴可以泊舟。

山上有丰富的人文景观，大禹曾在此山岩刻石记功，唐时建有大姑庙。民间传说此名为玉女大姑在云中落下的绣鞋变化而成，因而又名大姑山。

芝山在鄱阳县城北，原名土素山。661年，山上产灵芝3株，刺史薛振上贡朝廷，谎称系灵芝山所产。从此，芝山名扬天下。

拓展阅读

相传古时有一年轻渔郎胡春，在打渔时忽逢狂风暴雨，正在危险之时，有一位绿衣少女手执明珠，为渔郎导航，方才转危为安。

此少女原是瑶池玉女，名叫大姑，因触犯天规，贬于鄱阳湖，独居碧波之间，两人由爱慕结成佳偶。渔霸盛泰见大姑美貌似花，顿起歹念，于是趁机加害胡春。

当人姑见胡春被盛泰击伤，欲置之死地时，大姑即将所穿之鞋踢下，化作峭壁，将盛泰镇压于湖底。此鞋即成为山，也就是大孤山，实为"大姑山"。

华东动植物园——清凉峰

　　清凉峰自然保护区位于浙江省临安市境内，主要保护对象为东南沿海季风区中山丘陵森林生态系统及珍稀野生动植物。保护区由龙塘山、千顷塘和顺溪坞3个部分组成。

　　浙江清凉峰国家级自然保护区地史古老，地貌类型复杂，地处"江南古陆"的东端。地形从东南向西北逐渐升高，形成北亚热带至暖温带的气候垂直带谱系列和多变的小地形和小气候。

这里发育着典型的北亚热带常绿落叶阔叶混交林，植被垂直分带明显，生物资源和区系成分具有古老性、过渡性、多样性、联系广泛及珍稀物种多、密度大等特点，是我国经济发达的长江三角洲地区难得的保存完好的物种基因库。可以用"四多"来概括，即生物物种多、珍稀濒危种多、模式标本种多、特色植物群落多。

保护区气候复杂，横跨亚热带和温带两个季风带，季风性气候明显，植被带景观垂直层次分明，土壤类型多样，区系组成复杂，带谱完整，是我国东南沿海中亚热带森林的典型代表，拥有多种珍稀、濒危植物及特有属种。

其中国家重点的保护珍稀濒危植物有鹅掌楸、夏蜡梅、南方铁杉、华东铁杉、珍珠黄杨、香果树、莲香树、鹅掌楸、金钱松、黄山梅、天女花、绣球花等。

被国家列为重点保护的一级树种"华东黄杉"，是白垩纪或更古时代残存下来的孑遗树种，安徽省内除黄山云谷寺等处尚存一两株外，已濒临绝种边缘。而此处有成片的20多株华东黄杉，不仅具有观赏、实用价值，更有着突出的科研价值。

夏秋的保护区，从龙池到顶峰的山顶草甸，面积近67公顷，遍地开满了五彩缤纷的玉禅花、黄山龙胆、水满青、兰香草、林荫千里光、药百合、剪秋罗、地榆等各种野花。

被称为"高山矮汉子"的黄山松、"千年不大"的珍珠黄杨以及天目杜鹃、黄山花楸、天目琼花等，形体怪异，好似龙盘虎踞，宛若一个天然的盆景园。

秋日的保护区，草甸中十里芦荡，芦花盛开，随风起舞，飞花如雪，白峰顶、清凉峰成为芦花的世界，清凉峰好像世外桃源一般，十分壮观。

在繁花盛开的季节，人行其中，清风拂面，花香扑鼻，鸟鸣、山籁、松涛悦耳，好似徜徉在花的海洋中，盆景的世界里。

清凉峰保护区奇花异草众多，一年四季花开不断，数不尽的野花从山麓向山顶次第盛开。春寒料峭之时，梅花、迎春樱在寒风中迎接着春天的消息。继而，满山遍野的麂角杜鹃、映山红满山红、天目木兰、黄山木兰、天目木姜子等相继绽放。

清凉峰自然保护区因地形复杂，生态环境特殊，林木茂盛，雨水充足，因而动物种类繁多。

清凉峰自然保护区现有陆生脊椎动物280余种，其中国家重点保护动物20余种，特别是黑豹、云豹、苏门羚、猕猴等。其中国家重点保护的野生动物有梅花鹿、黑麂、白颈长尾雉、金钱豹等。

清凉峰自然保护区内的千顷塘一带是野生梅花鹿的栖息活动地区，是我国陆地上分布最东、最南的野生种群，是国家极为珍贵的基因多样性宝库。

梅花鹿属偶蹄目鹿科，为东亚特有种，野生梅花鹿总数仅有1000只左右，极为稀有，濒临绝灭。

清凉峰的梅花鹿为南方亚种，有200只左右，主要分布在大坪溪、小坪溪、千顷塘、大源塘、干坑一带。具有极高的经济价值、观赏价值和科研价值。

另外，还有山雀、灰喜鹊、啄木鸟等多种山禽，常翔集在山间深谷和茂密林中，或嘤嘤细吟，或啾啾欢唱，使保护区内更加充满生机。

石林风光为清凉峰保护区的一大特色景观，清凉峰石林中石芽、石林、峰林、天生桥、溶沟、孤峰残丘、溶蚀漏斗、洞穴、地下河等景观皆具备，且石林中喀斯特森林发育和保存良好，为本石林的一大特色。

石林中大树林立，古木参天，涵盖了石林景观中"山秀、石怪、水清、洞奇"等特点。漫步其间，欣赏着万山天窟、悟道洞、小莲花、仙浴池、十八龙潭、火焰山、三兽呈样、宝掌树、五老峰、老人石、龙塘臣蝗、佛手洞、无字碑、八封莲花峰等石林景观。

清凉峰山高岭曲，清凉蜂、三祖峰、龙塘座山、宝掌峰等，海拔均在1千米以上，群山环抱，整个山体常年云雾缭绕，变幻多端。白云在山岚间、山谷中轻盈飘荡，时而成为山帽，时而化为山衣裳，时而为山作腰带。

人在山脊上行走，刚刚才风和日丽，巍巍群山一览无余，转眼间云雾如海浪翻腾，不时从身旁掠过，远山如同一座座仙山，飘飘渺渺，朦朦胧胧，身旁景色时隐时现，瞬息万变。

拓展阅读

　　传说清凉峰的十八龙潭是龙王所居的宝宫之府，其潭底直通杭州市的八角井，木匠祖师鲁班随师在杭州建造众多寺院、宝塔、庵堂、朝厅等大型建筑所用木材都出自于清凉峰，而且都从十八潭输入，从八角井取出。

　　这条运输线全由鲁班一人负责，直到有一天在建造一项重要工程将要结束时，鲁班说：木材已够了。其实还有一根木料已从清凉峰十八潭输入到了杭州八角井底而没有出来，但经鲁班仙师的"金口"一开，井底运输通道立刻关闭。

　　经过清点，结果少了一根，鲁班遂将一根大木材一分为二，分别制成一大一小两根梁柱，小梁放在不太重要的部位，把大的木材制成了这个重要的建筑梁柱，而且蔚为壮观。从此鲁班名扬四海，人称"木圣"。

海上森林——东寨港

东寨港又名东争港，古称东斋港。东寨港保护区位于海南省东北部，即琼山县的三江、演丰、演海和文昌县的铺前、罗豆的交界处，在琼山县境内。

东寨港主要保护对象有沿海红树林生态系统，以水禽为代表的珍稀濒危物种及区内生物多样性。

东寨港是由于在1605年的一次大地震中，地层下陷形成的，海岸线曲折多弯，海湾开阔，形状似漏斗，滩面缓平，微呈阶梯状，有许多曲折迂回的潮水沟分布其间。涨潮时沟内充满水流，滩面被淹没；退潮时，滩面裸露，形成分割破碎的沼泽滩面。

　　东寨港雨季多台风，带来狂风暴雨，地面严重冲刷，大量细粒、有机质碎屑被带入湾内，堆积盛行，浅滩广布，日益淤泥沼泽化，水浅风稳、浪静，为红树林生长、繁衍创造了良好的条件。

　　区内以被誉为"海上森林公园"的红树林、世界地质奇观"海底村庄"、世界稀有鸟类及丰富海鲜水产而著称。区内野菠萝岛环境幽美，岛上形态奇特的野菠萝林遮天蔽日，蔚为壮观。

　　东寨港有"一港四河、四河满绿"之说。其东有演州河，南有三江河，西有演丰东河、西河，4条河流汇入东寨港后流入大海。这些河流注入东寨港。暴雨季节，河水挟带大量泥沙，在港内沉积，形成广阔的滩涂沼泽。

　　红树种子凭借"胎生"的独特繁殖方式，随波逐流地在水上漂泊，一遇到海滩就扎根生长发育，蔚然成林。

海南的红树林以琼山、文昌为最，其中琼山区的东寨港红树林是热带滨海泥滩上特有的常绿植物群落，由于其大部分树种都属于红树科，所以生态学上将其称为红树林。

东寨港红树林保护区绵延50多千米，总面积达4000公顷，成千上万棵红树，根交错着根，枝攀援着枝，叶覆盖着叶，摆出了扑朔迷离的阵式来。

东寨港红树林千姿百态，风光旖旎。从海岸上举目远望，只见广袤无垠的绿海中，显露出一顶顶青翠的树冠。

这些红树林长得枝繁叶貌，高低有致，色彩层次分明。每棵树头的四周都长着数十条扭曲的气根，达一米方圆，交叉地插入淤泥之中，形似鸡笼，当地人叫它"鸡笼罩"。

红树的气根，其状令人惊叹！有的如龙头猴首，活灵活现；有的像神话中仙翁，老态龙钟，颇具诗情画意。

尤其是大海涨潮时分，茂密的红树林被潮水淹没，四周全是一丛丛形态奇特而秀丽的绿树冠，中间是一长条迂回曲折的林间水道。只露出翠绿的树冠随波荡漾，成为壮观的"海上森林"。

涌动的海潮推着船儿沿水道悠然荡漾，忽左忽右，游人只见蓝海水和绿树冠，感觉到神奇的魅力像红树丛中的雾一样团团涌过来，弥漫海面。

保护区主要的红树植物有16科，即红树科的红海榄、海莲、木榄、尖瓣海莲、秋茄、角果木，马鞭草科的白骨壤，紫金牛科的桐花树，大戟科的海漆，使君子科的榄李，棕榈科的水椰，梧桐科的银叶树，卤蕨科的卤蕨、尖叶卤蕨，玉蕊科的玉蕊，夹竹桃科的海芒果，锦葵科的黄槿等。

这些树木由于生长在海湾、河口，长期受到海水的浸泡和台风的袭击，这些林木形成了自己特有的生存方式及繁殖能力，生长良好的红树林四季常绿。

红树林靠着树干基部纵横交错而发达的支柱根、呼吸根和气生根，扎根海滩。抗击狂风巨浪，并满足自身空气的需要；又厚又硬的叶片能减少水分蒸发，叶片上有许多排盐腺，以排除海水中的盐分。

红树林的繁殖很独特，当果实成熟，种子就在果实内发芽长出幼苗，一起落在海滩淤泥中，几小时后便可生根，这种繁殖方式，在植物中很少见，人们称它是"胎生树"。

秋茄是红树林的一种，萌发力强，每株秋茄的根形状都不同，任何能工巧匠都难以雕出如此众多奇妙形态，有的如龙头，有的如猴首，更多的像童话的老仙翁，老态龙钟，很有诗情画意。

红树林是海上的一道屏障，挡风固堤，保卫着沿海的农田和村舍，被誉为"海岸卫士"，同时，它们的根能积沙淤泥，开拓新的滩涂，又被称为"造陆先锋。"

东寨港红树林保护区内还有一处野菠萝岛，岛上环境幽美，岛的一半是人工种植的像茶树一样的红树林。生机盎然，一望无际，甚至区分不清哪里是岛，哪里是海。

岛的一半就是野菠萝密林，阴森森黑黢黢。野菠萝树的气息根长出土壤外两米高，根和枝干相连，盘根错节，奇形怪状。

　　野菠萝树学名叫露兜树，为露兜科热带小乔木，属红树族谱，是一种野生固沙植物。它的果实像菠萝，但却坚硬无比，几乎无法食用，因此当地人把它们叫野菠萝，岛因树而得其名。

　　红树林还是动物的乐园，常见鸟类有白鹭、灰鹳、鹧鸪、钓鱼翁、伯劳、斑鸠、杜鹃、翠毛鸟、水鸭、鹬等，珍稀濒危、属国家二级保护的鸟类有褐翅鸦鹃、小鸦鹃、黑脸琵鹭、白琵鹭、黑嘴鸥等。还有海南巨松鼠、海南水獭、犬蝠等兽类动物，其中海南水獭为国家二级保护动物。两栖动物只要有斑腿树蛙、变色树蜥和泽蛙等。爬行动物以蛇类为主，主要有金环蛇、眼镜蛇、蟒等。

　　区内的鱼类大多具有较高经济价值，如鳗鲡、石斑鱼、鲈鲷鱼等；大型底栖动物主要有沙蚕、泥蚶、牡蛎、蛤、螺、对虾、螃蟹等，具有较高的经济价值。

东寨港历史上先后记录有近90种候鸟。鹭类、行鸟鹬类等候鸟，一直是这里的"常客"。2002年，这里惊喜地迎来了一大群新"客人"，数万只丝光椋鸟结伴飞来，为东寨港上空增添了一道新的风景。

1992年，为了保护以红树林为主的北热带边缘河口港湾，以及海岸滩涂生态系统及越冬鸟类栖息地，东寨港成为我国第一批列入《关于特别是作为水禽栖息地的国际重要湿地公约》名录的七大湿地之一，及时被保护起来。

拓展阅读

　　红树林是热带滨海泥滩上特有的常绿植物群落，红树种具有特异的"胎生"繁殖现象，种子在母树上的果实内萌芽长成小苗后，同果实一起从树上掉下来，插入泥滩只要两三个钟头，就可以成长为新株。

　　如果是落在海水里，则随波逐流，数月不死，逢泥便生根。红树林在我国自然分布于海南、广东、福建等省区，是热带海岸的重要生态环境，能防浪护岸，又是鱼虾繁衍栖息的理想场所。

大树王国——天目山

天目山自然保护区位于浙江省临安市境内，主要保护对象为银杏、连香树、鹅掌楸等珍稀濒危植物。

保护区地处东南沿海丘陵区的北缘，属温暖湿润的季风气候。植物为亚热带落叶常绿阔叶混交林，是我国中亚热带植物最丰富的地区之一，植物区系反映出古老性和多样性。

区内计有苔类植物1500多种，其中国家重点保护植物25种，以天目山命名的植物24种，珍稀孑遗植物银杏的野生种也分布于此，具有重要的科研价值。

"天目"之名始于汉，有东西两峰，顶上各有一池，长年不枯，故名。天目山地质古老，历史悠久，有丰富的自然资源，众多的人文景观，为宗教名山。山中古木参天，景色秀丽，环境幽静，气候宜人。

天目山山体形成于距今1.5亿年前的燕山期，是"江南古陆"的一部分；地貌独特，地形复杂，被称为"华东地区古冰川遗址之典型"；峭壁突兀，怪石林立，峡谷众多，自然景观幽美，堪称"江南奇山"，也是我国中亚热带林区高等植物资源最丰富的区域之一。

天目山自然保护区保存着长江中下游典型的森林植被类型，其森林景观以"古、大、高、稀、多、美"称绝。

"古"：天目山保存有中生代孑遗植物野生银杏，被誉为"活化石"。该物种全球仅在天目山有天然的野生状态林。银杏自然景观有"五代同堂"、"子孙满堂"等。

"大"：天目山自然保护区现有需3人以上合抱的大树400余株，享有"大树王国"之美誉。

"高"：天目山金钱松的高度居国内同类树之冠，最高者已达60余米，被称为"冲天树"。

"稀"：天目山有许多特有树种，以"天目"命名的动植物有85种。其中天目铁木，全球仅天目山遗存5株，被称为"地球独生子"。此外，香果树、领春木、连香树、银鹊树等均为珍稀濒危植物。

"多"：自然保护区内国家珍稀濒危植物、种子植物、蕨类植物和苔藓类植物种类繁多。茂密的植被进而庇护了云豹、黑麂、白颈长尾雉、中华虎凤蝶等国家级珍稀保护动物。

"美"：林林总总的各色植物，构成一幅蔚为壮观的森林画幅，千树万枝，层峦叠嶂，四季如画。

天目山常绿树种主要有壳斗科的青冈栎属、拷属、石栎属；樟科的樟属、紫楠属、润楠属；山茶科的柃属、山茶属；还有杜鹃属、山矾属、冬青属等；落叶树种主要有槭科，蔷薇科，豆科，壳斗科的栗属、栎属、水青冈属，樟科的木姜子属和山胡椒属，桦木科，胡桃科，木兰科等种类也较多。

天目山还有多种野生药材，名贵的有於术、竹节人参、天麻、天目贝母、八角金盘、缺萼黄连等。

天目山这块开发较早的植物宝库，直到现在还有新种被发现，足以说明天目山植物资源的丰富性，复杂性，是一块不可多得的植物基因库。

天目山独特的森林景观使天目山自然景观别具一格，天目山以"大树华盖闻九州"。大树者柳杉、金钱松、银杏，被人们称为天目山之绝。

柳杉，最大的"大树王"胸径达233厘米；最大单株材积达75立方米。

金钱松系我国特产，非常珍贵，为世界五大庭园观赏树种之一，它在天目山适宜的环境中长得特别高大，为天目山百树之冠。

"活化石"银杏，系中生代孑遗植物，为我国特有，现虽遍植各地，甚至漂洋过海，侨居他国，但野生状态的银杏仅仅产于天目山，是"世界银杏之祖"。

在保护区内，较古老的银杏有的生长在悬崖峭壁上，有的在人迹罕至的沟谷中，呈现一派古老野生的状态。

在植物区系研究上有重要价值的连香树，稀有的领春木、天目木兰、天目木姜子，古老的香果树、鹅掌楸、银鹊树等在天目山都有分布。

仅分布于天目山区的特有种也不少，如天目铁木、天目朴、羊角槭、浙江五加等。而天目铁木和羊角槭的种群数量到达濒临灭绝境地，非常珍稀。

天目山分布着国家二类重点保护植物有银杏、金钱松、天目铁木、独花兰、香果树、连香树、鹅掌楸、黄山梅等。

三类保护植物有天目木兰、天目木姜子、凹叶厚朴、浙江楠、领春木、银鹊树、八角连、金刚大、羊角槭、短穗竹、青檀、短萼黄连、延龄草、虾脊兰、天麻、野大豆和紫茎等。

天目山地处中亚热带向北亚热带过渡地带，既具有代表本地区的植物区系成分，又具有向等地区联系的、过渡的区系成分，还具有本山特有的区系成分。

天目山地势高峻，海拔相差悬殊，较多的暖温带、温带植物侵入到天目山，如水青冈属、椴属、槭属、鹅耳枥属、桦木属等，槭属植物在天目山特别多。更有趣的是天目山出现了与北美有联系的替代种，如檫木、鹅掌楸，兰果树等。

丰富的植物资源，优越的气候，复杂的森林层次构造，适宜的栖息环境，给各种动物的生长、栖息、繁殖提供了良好的条件。故天目山动物种类颇多，区系成分也复杂。主要有哺乳动物、鸟类、爬行类、两栖类和昆虫类等，还有许多无脊椎动物。

哺乳动物主要有野猪、苏门羚、黑麂、毛冠鹿、大灵猫、小灵猫、猕猴、刺猬、豪猪、穿山甲、华南兔、松鼠、豺、狼、黄鼠等，常有游山的金钱豹，有时还有虎的出现。

鸟类主要有白鹇、白颈长尾雉、锦鸡、竹鸡、红嘴长尾兰鹊、喜鹊、山斑鸠、红嘴相思鸟、斑啄木鸟、大杜鹃、四声杜鹃、画眉、三宝鸟、寿带鸟、戴胜和大山雀等。

两栖类主要有东方蝾螈、肥螈、淡肩角蟾、桂墩角蟾、泽蛙、大树蛙、饰纹姬蛙等。

爬行类主要有大头乌龟、鳖、石龙子、北草蜥、赤链蛇、乌梢蛇、蝮蛇、竹叶青、五步蛇等。

天目山自然保护区海拔450米以上的地方，悬崖陡壁、深沟峡谷，构成四面峰、倒挂莲花、狮子口、象鼻峰等地的奇特岩石地貌景观；海拔450米以下的地方有岩溶地貌景观。

天目山地处中亚热带北缘，又由于独特的山体影响，形成冬暖夏凉的小气候。林木茂密，流水淙淙，造就了丰富的"负离子"等对人体有益的气态物质，居同类风景名胜区之冠。

拓展阅读

相传唐宋年间，天目山森林中长有一棵特异的大树，形状怪异，可容8个人合抱。曾有樵夫偶然看见一位白发老翁盘坐在树上，走近时又不见踪影，消息传开后民众奉为"树神"，竞相祭拜。

某日，有赵钱孙李4个家族同往叩拜祝愿。其中，赵家祈求保佑子孙"尊贵"；孙家祈求保佑子孙"富有"；李家祈求保佑子孙"显名"；钱家只求保佑子孙"和谐"。

后来4个家族各有所获，赵家得天下，孙家富甲一方，李家读书成才，钱家以"和谐"传家。

中部自然保护区

　　我国中部以平原丘陵为主，气候温暖适宜，适合多种动植物资源的生长。天然生态景区主要有神农架自然保护区、南阳恐龙蛋化石群保护区、董寨国家级自然保护区、牛背梁自然保护区、周至自然保护区和长青自然保护区等处。其中南阳恐龙蛋化石群的发现被誉为"世界第九大奇迹"。

绿色宝库——神农架

相传，在人类处于茹毛饮血的远古时代，瘟疫流行，饥饿折磨着人类，普天之下哀声不断。为了让天下百姓摆脱灾难的纠缠，炎帝神农氏来到湖北西北艰险的高山密林之中，遍尝百草，选种播田，采药治病。但神农氏神通再大，却也无法攀登悬崖峭壁，于是，他搭起了36架天梯，登上了峭壁林立的地方。从此，这个地方就叫神农架。后来，搭架的地方长出了一片茂密的原始森林。

神农架位于湖北省西部边陲，东与湖北省保康县接壤，西与重庆市巫山县毗邻，南依兴山、巴东而濒三峡，北倚房县、竹山且近武当，辖一个国家级森林及野生动物类型自然保护区和一个国家湿地公园。神农架是我国唯一以"林区"命名的行政区。

远古时期，神农架林区还是一片汪洋大海，经燕山和喜马拉雅运动逐渐提升成为多级陆地，并形成了神农架群和马槽园群等具有鲜明地方特色的地层。

神农架位于我国地势第二阶梯的东部边缘，由大巴山脉东延的余脉组成中高山地貌，区内山体高大，由西南向东北逐渐降低。

神农架山峰多在1.5千米以上，其中海拔3千米以上的山峰有6座，最高峰神农顶成为华中第一峰，神农架因此有"华中屋脊"之称。

神农架是长江和汉水的分水岭，境内有香溪河、沿渡河、南河和堵河4个水系。

该地区位于中纬度北亚热带季风区，气温偏凉而且多雨。由于这里一年四季受到湿热的东南季风和干冷的大陆高压的交替影响，以及高山森林对热量、降水的调节，形成夏无酷热、冬无严寒的宜人气候。当南方城市夏季普遍是高温时，神农架却是一片清凉世界。

神农架年降水量也由低到高依次分布，故立体气候十分明显，"山脚盛夏山顶春，山麓艳秋山顶冰，赤橙黄绿看不够，春夏秋冬最难分"是林区气候的真实写照。

神农架拥有当今世界北半球中纬度内陆地区唯一保存完好的亚热带森林生态系统，境内森林覆盖率80%以上，这里保留了珙桐、鹅掌楸、连香等大量珍贵古老孑遗植物。神农架成为世界同纬度地区的一块绿色宝地，对于森林生态学研究具有全球性意义。

独特的地理环境和立体小气候，使神农架成为我国南北植物种类的过渡区域和众多动物繁衍生息的交叉地带。神农架植物丰富，主要有菌类、地衣类、蕨类、裸子植物和被子植物等；各类动物主要包括兽类、鸟类、两栖类、爬行类及鱼类等。

动植物区系成分丰富多彩，古老、特有而且珍稀。苍劲挺拔的冷杉、古朴郁香的岩柏、雍容华贵的桫椤、风度翩翩的珙桐、独占一方的铁坚杉，枝繁叶茂，遮天蔽日。

在神农架，生长着一种十分珍贵的药材，名叫头顶一颗珠，属国家重点保护的种类。头顶一颗珠还别称延龄草，属百合科，多年生草本植物。匍匐茎圆柱形，下面生有多数须根。茎单一，叶三片，轮生于顶端，菱状卵形，先端锐尖。

夏季，自叶轮中抽生一短柄，顶生一朵小黄花。到了秋季，小黄花便结出一粒豌豆大小的深红色球形果实，这就是有名的"头顶一颗珠"。

此珠人们通常称之"天珠"，地下生长的坨坨又称"地珠"。所以，延龄草实际上是首尾都成珠，只是"天珠"在成熟后自然掉落，人们不容易找到，只能挖到"地珠"，地珠的药性与天珠一样。

采药人很难得到天珠，因为天珠不仅甜美可口，营养丰富，而且是鸟雀的美食。头顶一颗珠具有活血、镇痛、止血、消肿、除风湿等功能，是治疗头晕、头痛、神经衰弱、高血压、脑震荡后遗症等疾病的珍贵中药材。

神农架自然保护区动物资源十分丰富，有各类动物1000多种。其中不乏受国家保护的珍贵稀有品种，如金丝猴、毛冠鹿、苏门羚、金钱豹、小灵猫、神农鼯鼠等。神农架还有一些奇异的动物，如"野人"、"白化动物"、"驴头狼"、"红色动物"、"水怪"等，更为神农架蒙上了一层神秘的色彩。

神农架白色动物有白雕、白獐、白猴、白麂、白松鼠、白蛇、白乌鸦、白龟和白熊等。

神农白熊，毛色纯白，性情温驯，头部很大，两耳竖立，一条小尾巴总是夹着，貌似大熊猫，只是嘴部比较突出。它生长在海拔1.5千米以上的原始森林和箭竹林中，以野果、竹笋、嫩叶为主要食物。

神农白熊喜欢与人嬉闹，甚至主动爬到人们的怀里闭目养神。它的嗅觉灵敏，善于寻找食物，饱食后常手舞足蹈。神农白熊已被定为国家一级保护动物。

白獐和白麂在古代就被人们视为国宝或神物。獐、麂同属哺

乳纲偶蹄目鹿科的野生动物，古时统称为鹿。一般的獐、麂毛色呈黄褐色或黑褐色，而白獐和白麂通体毛色纯白，眼珠和皮呈粉红色。

神农架一个叫做阴峪河的地方，很少有阳光透射，适宜白金丝猴、白熊、白麂等动物栖息。这么多动物返祖变白，仅仅用气候原因是解释不了的，因而也成了科学上的待解之谜。

1986年，当地农民在深水潭中发现3只巨型水怪，皮肤呈灰白色，头部像大蟾蜍，两只圆眼比饭碗还大，嘴巴张开时有一米多长，两前肢有五趾。浮出水面时嘴里还喷出几丈高的水柱。

与水怪传闻相似的还有关于棺材兽、独角兽的传闻。据说，棺材

兽最早在神农架东南坡发现，是一种长方形怪兽，头大、颈短，全身麻灰色毛。

据说独角兽的体态像大型苏门羚羊，后腿略长，前额正中生着一只黑色的弯角，似牛角，从前额弯向后脑，呈半圆弧弓形。

另外，还有驴头狼，全身灰毛，头部跟毛驴一样，身子又似大灰狼，好像是一头大灰狼被截去狼头换上了驴头，身躯比狼大得多。

神农架有许多神奇的地质奇观，在红花乡境内有一条潮水河，河水一日三涌，早中晚各涨潮一次，每次持续半小时。涨潮时，水色因季节而不同；干旱之季，水色混浊，梅雨之季，水色碧青。

宋洛乡里有一处冰洞，只要洞外自然温度在28度以上时，洞内就开始结冰，山缝里的水沿洞壁渗出形成晶莹的冰帘，向下延伸可达10余米，滴在洞底的水则结成冰柱，形态多样，顶端一般呈蘑菇状，而且为空心。进入深秋时节，冰就开始融化，到了冬季，洞内温度就要高于洞外温度。

神农架山峰瑰丽，清泉甘洌，风景绝妙。神农顶雄踞"华中第一峰"，风景垭被誉为"神农第一顶"；红坪峡谷、关门河峡谷、夹道河峡谷、野马河峡谷雄伟壮观；阴峪河、沿渡河、香溪河、大九湖风光绮丽；万燕栖息的燕子洞、时冷时热的冷热洞、盛夏冰封的冰洞、一天三潮的潮水洞、雷响出鱼的钱鱼洞令人叫绝；流泉飞瀑、云海佛光皆为大观。

神农架成矿条件优越，有较丰富的矿藏，已探明的矿种有磷矿、铁矿、镁矿、铅锌矿、硅矿、铜矿、建筑石材等15种，其中主要矿种有磷矿、铁矿、铜矿、镁矿、铅锌矿、硅矿等。

拓展阅读

　　神农架是一个原始神秘的地方，独特的地理环境和区域气候，造就了神农架众多的自然之谜。神农架是发现"野人"次数最多的地方。

　　自20纪初以来，神农架周围有近400多人在不同地方不同程度地看到近100多个"野人"活体，他们发现了大量"野人"的脚印、毛发和粪便，有的甚至发现野人身材高大魁梧，面目似人又似猴，全身棕红或灰色毛发，习惯两条腿走路，动作敏捷，行为机警，有的还会发出各种叫声。

生物资源库——长青

  陕西长青国家级自然保护区，位于秦岭中段南坡的汉中市洋县北部，是1995年经国务院批准建立的以保护大熊猫为主的森林和野生动物类型自然保护区，总面积30000公顷。

  长青保护区位于秦岭中段南坡的洋县境内，北与陕西省太白林业局为界，东与佛坪国家级自然保护区接壤，南界和西界分别与洋县华阳、茅坪镇11个行政村的集体林相邻。

长青保护区独特的地理位置、优越的气候条件和森林生态环境，为多种动植物繁衍生息提供了良好的条件，成为丰富多样的"生物资源库"。

已知区内有种子植物丰富，列入《我国濒危保护植物》红皮书的有30多种；脊椎动物有近300种，其中兽类60多种，鸟类200多种，两栖爬行类30余种，鱼类20余种。

国家重点保护动物近40种，其中一级保护动物有大熊猫、金丝猴、羚牛、豹、朱鹮、金雕、林麝等；二级保护动物有黑熊、毛冠鹿、大鲵、血雉、红腹角雉等。

保护区处于我国南北气候的分界线和动植物区系的交汇过渡地带，森林覆盖率达90%以上，其中竹林面积达20000多公顷，成为秦岭大熊猫的"天然庇护所"。

被誉为"四大国宝"的大熊猫、羚牛、金丝猴、朱鹮等国宝级珍稀野生动物均有分布，尤其被世界生物学界誉为"活化石"的大熊猫在本区广泛分布。

本区为秦岭大熊猫的集中分布区，现有大熊猫80余只，占秦岭大熊猫总数的三公之一，保留着一个相对完整和相对稳定的大熊猫繁殖群体，是一处最有价值的大熊猫分布区。

朱鹮也是长青保护区的珍稀动物。朱鹮一身羽毛洁白如雪，两个翅膀的下侧和圆形尾羽的一部分却闪耀着朱红色的光辉，显得淡雅而美丽。由于朱鹮的性格温顺，中国民间都把它看做是吉祥的象征，称为"吉祥之鸟"。

朱鹮对生境的条件要求较高，只喜欢在高大树木上栖息和筑巢，附近有水田、沼泽可供觅食，天敌又相对较少。晚上在大树上过夜，白天则到附近的稻田、泥地及清洁的溪流等环境中去觅食。

朱鹮是稀世珍禽，历史上朱鹮曾广泛分布于东亚地区，包括中国东部、日本、俄罗斯、朝鲜等地。

自从我国在陕西洋县发现了朱鹮后，就对朱鹮的保护和科学研究进行了大量工作，并取得显著成果。特别是饲养繁殖方面，于1989年在世界上首次人工孵化成功，自1992年以来，雏鸟已能顺利成活。

长青保护区大地构造位置处于南秦岭海西至印支褶皱的中部，由一系列东西向褶皱与平行展布的断裂构成的复式褶皱带，后被印支期二长花岗岩侵位、吞蚀、破坏，现存的构造格局多呈一些残缺不全、规模不等的褶皱、断裂构造。

主要岩石有花岗岩、花岗片麻岩等多种，使地质上称为"华阳岩基"的主体部分。保护区北高南低，呈斜面山岳地况。

由于地球构造运动，流水侵蚀，以及冰川、冰缘风等外营力的共同作用而形成，地质复杂，地形多变，岭梁纵横，山高谷深。

长青保护区河流水系位置地处长江流域，区内主要河流是酉水河、湑水河，属汉江水系一级支流的上源支流。

酉水河发源于保护区北界兴隆岭活人坪南坡酉水谷，由北向南汇入汉江。湑水河在区内流域面积约18平方千米，区内由地表水和地下水两部分组成，水质清纯，可直接饮用。

长青保护区处于北亚热带与暖温带的交错过渡地区。保护区的北边有秦岭主峰太白山天然屏障，有效地阻挡了北方寒流的入侵。南边暖湿气流沿汉江河谷直达中高山地带，形成大陆性季风气候。

季节性变化明显，全年具有雨热同季、温暖湿润、雨量充沛、气候及植被的垂直地带性明显等特点。气候随海拔升高而呈垂直变化，从下往上依次为亚热带气候、暖温带气候、温带气候和寒温带气候。

区内地形复杂，小气候差异较为明显。沿山逆上，"十里不同天，一山有四季"。依据海拔高度增高，气温骤降，降水量猛增。

因受基石、降水、温度、生物、地形等因素影响，长青保护区土壤类型以山地黄棕壤、山地棕壤、山地暗棕壤和山地草甸土等为主，土壤湿润、有机质含量高。

拓展阅读

洋县黑米历史悠久。据《洋县志》记载，黑稻原产洋县，据传公元前140年，西汉博望侯张骞选育而成。他将其奉于武帝，帝大悦，遂列为"贡品"。自汉武帝以来，历代帝王都将洋县黑米列为"贡品"，而成为皇室贵族的珍肴美味。

《洋县志》称："黑米、香米、薏米、桂花米，乃贡米也"。把黑米列为洋县"四种优质奇米"之冠。洋县黑米、香米、寸米，又被称为"米中三珍"，可见黑米的稀奇珍贵了。

1980年考古工作者在洋县范坝村发掘春秋平王姬宜臼年间的古墓时，发现墓葬内有此米。可见，早在2600多年以前，洋县范坝村一带的先民就已种植并食用黑米了。